U0353916

江苏高校优势学科建设工程项目（PAPD）资助

膏体充填综采覆岩变形控制
研究与实践

常庆粮　　史泽坡　　周华强
　　　　　　　　　　　　　　　著
李　海　孙晓光

中国矿业大学出版社

内 容 简 介

本书从理论和实践两个方面,着重研究了膏体充填开采岩层移动变形与地表沉陷控制的相关问题。本书内容丰富,主要包括:绪论,充填开采覆岩变形破坏特征研究,膏体充填控制覆岩变形机理研究,膏体充填控制地表沉陷影响因素分析,充填开采地表沉陷预测模型研究,膏体充填开采的数值模拟研究,膏体充填工业性试验及效益分析,结论。

本书可作为采矿工程及相关专业的研究人员、生产技术人员、政府管理人员的参考用书。

图书在版编目(CIP)数据

膏体充填综采覆岩变形控制研究与实践/
常庆粮等著. —徐州:中国矿业大学出版社,2017.2
ISBN 978 - 7 - 5646 - 2856 - 7

Ⅰ.①膏… Ⅱ.①常… Ⅲ.①煤矿开采—地表位移—
充填法—研究 Ⅳ.①TD823.7②TD32

中国版本图书馆 CIP 数据核字(2015)第 229824 号

书　　名	膏体充填综采覆岩变形控制研究与实践
著　　者	常庆粮　史泽坡　周华强　李　海　孙晓光
责任编辑	马晓彦
出版发行	中国矿业大学出版社有限责任公司
	(江苏省徐州市解放南路　邮编221008)
营销热线	(0516)83885307　83884995
出版服务	(0516)83885767　83884920
网　　址	http://www.cumtp.com　E-mail:cumtpvip@cumtp.com
印　　刷	江苏凤凰数码印务有限公司
开　　本	787×1092　1/16　印张8.75　字数167千字
版次印次	2017年2月第1版　2017年2月第1次印刷
定　　价	35.00元

(图书出现印装质量问题,本社负责调换)

前　　言

　　煤矿膏体充填开采是一种有效的解决煤矿开采对水资源、土地资源、建筑物等造成破坏的开采方法,相对于其他垮落法开采、条带开采、离层区注浆、水砂充填等开采技术而言,具有安全性高、采出率高、环境友好等优点,膏体充填采矿技术的应用,是煤炭工业贯彻落实科学发展观、实现绿色采矿的重要举措,是煤炭开采技术的革新,也是 21 世纪采矿技术的重要发展方向之一,必将促进我国煤矿安全、高效、可持续地发展。本书从理论和实践两个方面,着重研究了膏体充填开采岩层移动变形与地表沉陷控制的相关问题。

　　膏体充填开采岩层控制理论是充填体参与作用条件下的,顶板岩层和地表变形破坏与充填开采活动之间的关系规律,区别于垮落法开采的岩层控制问题。与其他充填开采技术相比,膏体充填开采的最大优点在于顶板垮落前已经进行采空区充填,顶板下沉只发生在工作面前方和控顶区,采空区顶板下沉则因充填体的支撑作用得到控制。因此,充填开采岩层控制的关键是控制直接顶及下位基本顶的变形破坏。

　　采用物理模拟和数值计算相结合的方法,分析了充填开采时顶板岩层的移动变形过程及支承压力分布特征,并对充填开采覆岩变形破坏进行了分类,明确了充填开采岩层控制的关键是控制直接顶及下位基本顶的移动变形。通过理论计算和现场实测,对充填开采顶板岩层变形破坏范围进行了研究,结果表明,充填开采顶板裂隙破坏范围可按传统计算法进行预测研究。探讨了充填开采技术下充填体的支护作用机理。

　　根据膏体充填开采工作面煤体、支架、充填体组成的支撑体系耦合作用特点,建立了考虑充填体作用过程的组合顶板岩梁力学模型及其微分方程,推导出了充填体、支架和煤体三区耦合作用顶板关键岩层的挠曲方程。利用顶板关键岩层的挠曲方程,给出了充填开采工作面支承压力的计算方法,系统分析了关键岩层移动与充填程度、充填体力学性能之间的关系规律,分析了充填开采对充填体早期强度和控顶区支架支护强度的要求,并给出了计算式。研究了充填工作面顶板关键岩层移动影响因素的主次关系和可能达到的控制程度,明确了下位顶板岩层移动影响因素的主次关系依次为充填欠接顶量、充填前顶底板移近量、充填体压缩率。探究了充填开采顶板岩层稳定性判据,阐明了充填开采控制地表沉陷的机理。

通过数值模拟计算,分析了不同条件下充填工作面支承压力的分布特点,研究了充填率对小屯矿地表变形及支承压力的影响,明确了小屯矿膏体充填开采对充填率的要求,并阐述了提高充填率的措施。探讨了充填开采的地表沉陷预测模型,预测小屯矿充填开采时地表下沉系数可控制在 0.16 以内,能够保证南旺村的建筑物安全。

介绍了小屯矿膏体充填的背景、充填系统组成、充填工艺流程、充填开采进展情况。结合小屯矿充填工作面具体情况,提出了充填材料的性能要求,对小屯矿充填工作面的矿压显现、充填质量、顶板管理质量及充填开采后地表沉陷规律进行了观测和分析,介绍了小屯矿充填开采取得的成果和存在的问题,并提出了改进措施。

本书逻辑严谨、内容全面、图文并茂,是作者近年来在膏体充填综采覆岩变形控制技术领域研究的成果总结,可供采矿、土木、工程力学等学科的广大科技工作者及相关专业的高校教师和高年级本科生、研究生参考使用。

本书撰写过程中,侯朝炯教授、柏建彪教授、邹喜正教授、瞿群迪副教授、万志军教授等给予了许多有益的启示和热情的帮助。在物理试验中得到了煤炭资源与安全开采国家重点实验室张少华高工和赵海云高工,以及李玉寿老师、关明亮老师、赵才智老师、王光伟博士、吴锋锋博士、李永元硕士、段昌瑞硕士等的热心帮助;在现场观测的研究中,得到了峰峰集团李玉泉总工程师、小屯矿任建利副总工程师、太平矿赵庆杰总工程师以及两矿技术科技人员的关心和支持;项目实施过程中,得到了徐州中矿大贝克福尔科技股份有限公司技术人员朱友荣、胡兴斌、李亮、胡永锋、宋光远、刘长安、甘建东、安虎、胡艳锋、张培莉、王冉冉、廉方、杨晓威、王福友、马英等给予的指导、支持和帮助。

在此,对以上各位专家、老师及朋友们对本书出版给予的指导、支持和帮助表示衷心感谢!对本书中所引用的成果与资料的所有者以及所引用文献中的作者表示衷心感谢!向参与本项目研究和本书出版的同事、专家和朋友表示衷心感谢!

本著作的研究和出版得到了江苏高校优势学科建设工程项目(PAPD)资助,在此表示衷心感谢!

由于作者研究水平和条件有限,书中难免存在不足之处,望读者不吝赐教。

作　者

2016 年 8 月

目　　录

1 绪 论

1.1 问题的提出

膏体充填采煤是一种把煤矸石、粉煤灰、工业炉渣、城市固体垃圾等加工成胶结性或非胶结性膏状浆液,然后利用充填泵或自溜管道输送到井下,部分或全部充填采空区,形成以膏体充填体为主体的覆岩支撑体系,控制地表沉陷在建筑物允许值范围内,实现村庄不搬迁,安全开采建筑物下压煤,保护矿区生态环境的开采方法。作为煤矿绿色开采技术的重要组成部分,膏体充填技术能够把固体废弃物利用与采动破坏、地表沉陷控制有机结合起来,做到地表破坏程度低、煤炭资源采出率高、废弃物资源化利用,并保护矿区生态环境。膏体充填采矿技术的开发应用,是煤炭工业贯彻落实科学发展观、实现绿色采矿的重要举措,具有"高安全性、高采出率、环境友好"的基本特征,是一种新的绿色采矿技术,也是21世纪采矿技术的重要发展方向之一。因此,研究膏体充填控制覆岩变形与地表沉陷理论无疑是十分必要的。

1.1.1 解放"三下"压煤与提高采出率的需要

煤炭是我国经济和社会发展的重要战略资源,也是我国实现全面建设小康社会目标的基本保障。中华人民共和国成立60多年来,煤炭在一次性能源消费结构中占有很高的比重,煤炭作为能源的强力支撑这一事实在短期内不会改变。据中国工程院院士倪维斗教授在《中国能源现状与发展战略》的报告中指出:"到2050年甚至更晚,我国以煤炭为主的能源结构不会改变,而且总量需求会逐年增加"。因此,如何高效地利用煤炭资源,是摆在我们面前的一个重大课题。

我国煤炭资源赋存丰度与地区经济发达程度呈逆向分布,在地理分布上的总格局是西多东少、北富南贫。而且主要集中分布在山西、内蒙古、陕西、新疆、贵州、宁夏等6省(自治区),煤炭资源总量为4.61万亿t,占全国煤炭资源总量的82.8%;截至2008年末煤炭资源保有储量为8 229亿t,占全国煤炭资源保有储量的82.1%,煤类齐全,煤质普遍较好。而耗用煤量最大的北京、天津、河北、辽宁、山东、江苏、上海、浙江、福建、台湾、广东、海南、香港、广西等14个东南沿海省(市、区)煤炭资源量只有 0.27 万亿 t,仅占全国煤炭资源总量的 5.3%,而煤炭消耗量则占全国煤炭总产量的 65% 左右。截至 2017 年,上述煤炭销售主区的煤炭资源保有储量仅占全国煤炭资源保有储量的 5%,资源十分贫乏。这样的分布特点决定了煤炭资源中心远离消费中心,从而加剧了远距离输送煤炭的压力,带来了一系列问题和困难。

以大同为例,从山西大同到东部和南部的用煤中心沈阳、上海、广州、北京、天津等地的距离分别为 1 270 km、1 890 km、2 740 km、340 km 和 430 km。据了解,从山西到山东,火车运费平均每吨 220 元左右,汽车则为每吨 270~280 元左右。随着经济高速发展,用煤量日益增大,加之煤炭生产重心西移,运距还要加长,压力还会增大。因此,如何高效地利用有限的煤炭资源,是摆在东部地区面前的首要问题。

我国的大小煤田遍布于全国各地。在煤田上方有数量众多的村庄、工厂和城镇,各矿区都存在不同程度的建筑物下压煤问题。据对国有重点煤矿的不完全统计,截至 1996 年,我国生产矿井"三下"压煤量高达 137.9 亿 t,随着社会经济发展,村镇规模不断扩大,新矿区和新井田的建设,目前实际压煤量远高于这一数字。从分布区域上看,人口密集、村庄集中的河南、河北、山东、安徽、江苏五省区村庄压煤占我国"三下"压煤总量的 55% 以上。

以山东省为例,全省煤炭资源保有探明储量约 310 亿 t,可采储量 81 亿 t,且 95% 以上已被生产建设矿井占用。生产建设矿井保有地质储量 218.93 亿 t,其中可采储量 63.69 亿 t,且"三下"压煤达到 31 亿 t,约占可采储量的 48.7%,经济可采储量仅为 32 亿 t 左右,按照目前的生产能力和采出率,仅能维持 20 年左右。产煤大省与资源小省的矛盾日益突出,而且大型煤炭企业基本无后备接续资源。同样,郑州煤业集团可采储量 1.96 亿 t,压煤量高达 1.18 亿 t。截至 2007 年底,河北省国有煤炭企业剩余地质储量为 80 亿 t,"三下"压煤达 46 亿 t,约占 57.5%,仅开滦、峰峰、邢台、邯郸四大煤业集团的村庄压煤量就达 33.5 亿 t,约占 49%。

在一些开采较早的老矿区,随着可采资源的枯竭,村庄等建筑物下压煤问题也尤为突出,煤矿面临村庄搬迁征地难、搬迁费用高、地方政府积极性不高等问题,正常开采的难度越来越大,难以保证稳定生产,这些地区煤炭产量规模将难以增加。"三下"压煤问题得不到解决,不仅会损失煤炭资源,而且还会影响矿井的生产布局,合理的开采方法是解决上述问题的关键。

人们普遍认为山西大同煤矿集团具有开采不尽的煤炭资源,"三下"压煤问题并不迫切。促使各矿遇到煤柱绕着走,先挑条件好的采,以至造成煤柱周围煤层开采完毕、系统报废后,煤柱成为"孤岛",开采越来越难。所属的各个矿从

2004 年开始相继出现了不同程度的资源趋紧、接替紧张的局面。截至目前,该集团能利用的储量为 30 亿 t,可采储量为 6.9 亿 t,按照现有的开采能力,仅能维持生产 18 年,而其"三下"压煤量为 6.5 亿 t。因此,为摆脱困境,延长矿井服务年限,采用有效的技术途径最大限度地采出村庄等建筑物下压煤已势在必行。

据第三次全国煤炭资源预测与评价显示,我国煤炭资源总量约为 5.57 万亿 t,探明煤炭资源总量达 1.3 万亿 t。国土资源部最新预测我国煤炭资源可采储量达 2 064 亿 t,净有效量 1 145 亿 t。以净有效量 1 145 亿 t 和煤炭采出率为 30% 计算,可采出量为 343.5 亿 t;若以 2008 年原煤产量 26.91 亿 t 测算,仅可保证不足 13 年的产量;则不到 2023 年,343.5 亿 t 储量将被完全采出。若采用重点煤矿矿井的开采方法,即采出率为 50%,以净有效量 1 145 亿 t 计算,其可采储量为 572.5 亿 t,也仅可保证不足 22 年的产量,而煤炭资源总量是有限的,尤其是我国人均占有经济可采储量不足 145 t,不足世界平均水平的 53%,更是要求我们要千方百计地提高煤炭资源采出率。

社会科学文献出版社出版的《2007 中国能源发展报告》指出,我国目前煤炭平均采出率仅为 30%～35%,不足世界先进水平的一半,其中国有大型煤矿占 45%,地方煤矿约占 30%,小煤窑占 10%～15%,资源浪费十分严重。据保守推算,在 1980～2000 年,我国累计浪费煤炭资源 280 多亿吨。而在美国、澳大利亚、德国、加拿大等发达国家,资源采出率能达到 80% 左右,每采出 1 t 煤只消耗 1.2～1.3 t 资源,而我国却需要消耗 3.3 t 甚至更多的煤炭资源。并且随着我国经济的快速发展,对煤炭的需求量会逐年增加,提高煤炭的采出率是煤炭资源高效利用的有效途径之一。

按照 2007 年的原煤产量 25.36 亿 t 和煤炭平均回采率 30% 计算,如果回采率提高 1 倍,全国每年将节约煤炭资源 42.26 亿 t 左右。如果到 2015 年以前煤炭回采率大体保持 50% 的平均水平,则 8 年间将至少节约 300 亿 t 煤炭资源,相当于我国煤炭资源的可采年限在目前的基础上又延长了 10 年。正如中国煤炭加工利用协会副会长、中国煤炭工业节约能源办公室副主任洪绍和所述:提高煤炭资源采出率,合理开发和利用煤炭资源,延长矿井寿命,提高煤炭利用效率是完成我国"十一五"煤炭工业节能减排任务的有效途径。

因此,无论从提高"三下"压煤采出率的要求,还是从提高煤炭资源贫乏地区的采出率要求,都需要发展一种具有高采出率特征的采煤方法。

1.1.2 矿区环境保护的需要

在煤炭开采过程中形成的环境问题主要是对土地资源地破坏和占用、对水资源地破坏和污染极为严重。在我国,95% 煤炭开采是井工开采,煤炭采出后,会形成大量采空区,致使成千上万的人需要搬迁,需要投入大量的人力、物力和财力。以安徽省为例,两淮矿区是全国重要的煤炭生产基地,多年大规模开采形成较大面积的采煤塌陷区。2007 年塌陷区总面积 250 km²,并以每年 3 万亩的速度递增。到 2010 年,两淮矿区所在的皖北五市需搬迁 26.6 万人。

矿井开采改变了水资源的循环,破坏了自然水循环状态,而且矿井水管理不善,导致矿井污水遍地流淌,严重损害矿区环境。据统计,2007 年全国矿区外排矿井水 42 亿 m³,利用率仅为 26%,排放的大量废水给矿区及周边区域造成了严重环境污染和水污染,加重了水资源危机,并严重威胁了矿井生产安全。

煤矸石是碳质、泥质和砂质页岩的混合物,具有低发热值,在掘进、开采和洗煤过程中排出的固体废物。从煤炭开采来看,中国每年生产 1 亿 t 煤炭,排放矸石 1 400 万 t 左右,从煤炭洗选加工来看,每洗选 1 亿 t 炼焦煤排放矸石量 2 000 万 t,每洗 1 亿 t 动力煤,排放矸石量 1 500 万 t。目前全国堆积存放的煤矸石总量约 35.5 亿 t(占全国工业固体废弃物排放总量的 40% 以上),矸石淋溶水将污染周围土壤和地下水,而且煤矸石中含有一定的可燃物,在适宜的条件下会发生自燃,在当前成规模的 1 500 余座矸石山中,有 389 多座在燃烧,排放的二氧化硫、氮化物、碳氧化物和烟尘等有毒有害气体污染大气环境,严重危害矿区居民的身体健康,有的甚至发生矸石山爆炸,造成人员伤亡。如辽宁本溪矿区曾发生过因矸石自燃造成人员中毒死亡的事故。

煤矸石的弃置不用,压占大量土地。当前矸石的堆放压占土地约 7 500 hm²,每年煤炭生产和加工新生产煤矸石 3 亿~3.5 亿 t,增加占地 200~300 hm²。2005 年排放的煤矸石综合利用率仅为 43.5%,其中,67% 是用来发电。预计 2010 年,煤矸石和洗矸排放总量将超过 5 亿 t,即使利用率达到 70%,净排放堆存量每年仍然还有 1.5 亿 t,还要增加 1 亿 t 左右的矸石电厂粉煤灰以及地表塌陷面积 6 200 hm²。

煤矿开采造成的环境问题,给企业和政府增加了困难,不仅影响了煤矿的正常生产,还会引起工农关系等一系列社会问题,给社会增添了不安定因素。为保护矿区环境,世界许多产煤国家都制定了相关政策或措施。如苏联,20 世纪 70 年代以来,通过一系列决议和条例,规定在采矿区要保存和合理使用土壤耕作层。在我国,保护环境是一项基本国策,并于 1979 年颁布《中华人民共和国环境保护法》,随着国家环保执法力度的不断加大,人们对环境质量要求的不断提高,解决煤矿开采污染环境问题显得越来越突出,煤炭开采也必将进入绿色开采的崭新阶段。因此,需要发展安全高效、环境协调的采煤新方法,以解决煤矿开采带来的环境污染问题。

1.1.3　矿区可持续发展的需要

我国学者刘培哲指出,可持续发展最现实的特征有三点:一是鼓励经济增长;二是以保护自然为基础,与资源和环境的承载能力相协调;三是以改善和提高生活质量为目的。可见,可持续发展是生态、经济、社会三位一体的协调发展,生态持续是基础,经济持续是条件,社会持续是目的。其宗旨是:"既要满足当代人的需要,又不损害子孙后代满足其需要能力的发展",主张人类与自然和谐相处,从而实现人地关系的 PRED 协调,即人口(P)、资源(R)、环境(E)与发展(D)的协调。据此,矿区的可持续发展可归纳为:在严格的法制管理和市场经济调控下,运用科学的手段,合理、节约、环保高效地开采和利用煤炭资源,使其对社会和环境的负效应降到最低,确保经济、社会和环境的可持续发展。

煤炭资源是一种不可再生耗竭性资源,它是一种重要的有多种用途的有机原料,但它的总量是有限的,其不可再生性特点制约了矿区的可持续发展。

矿区可持续发展要求对煤炭资源的可持续开采,即要有计划、有序开采,既不要浪费资源,又不能抢子孙后代的资源,更不能掠夺式开采,不合理的开采方式往往会造成环境的损害或资源的浪费。而且环境的损害是不可逆的、无法恢复原貌的。近年来,在煤炭需求快速增长的拉动下,一些煤矿不顾客观条件盲目扩大生产,超能力生产现象相当严重,2004 年全国超能力生产的煤矿(井)有5 305 处,超能力产量 1.8 亿 t,带来一系列严重后果:一是造成采掘失调,矿井服务年限大大缩短;二是造成煤炭资源大量损失浪费,部分煤矿主受利益驱使,大干快上,采厚弃薄,采易弃难,2005 年我国损失浪费煤炭资源 20 亿 t 左右,与采出量基本相当;三是造成生态环境严重破坏,加剧了煤炭开采与环境的不适应状况;四是必要的设备检修维护得不到保障,造成生产安全事故频繁发生。这些都影响了矿区的可持续发展。

随着人们对环境的关注,对社会可持续发展的认识,煤炭企业的众多负面效应也将凸现,影响煤矿企业健康持续发展的问题也日渐暴露,有些问题已经影响或制约了煤炭企业的生存和发展,诸如环境的污染、资源的浪费等。但从目前形势来看,在今后一段时间内,还没有较经济、可靠的能源能替代煤炭,为了确保经济和社会的可持续发展,我们必须继续开采利用它,为此解决矿区可持续发展问题已是势在必行。

制约矿区可持续发展的根本原因是煤炭资源的不可再生性和开采方法,其中,目前的技术条件下煤炭资源的不可再生性是无法改变的,开发满足可持续发展要求的煤矿开采新方法则成为解决矿区可持续发展问题的关键。

综上所述可知,我国急需发展新的具有高效安全、高采出率、环境协调的技术特征的采煤方法。为此,中国矿业大学率先提出胶结性膏体材料全部充填开采方法,解决"三下"压煤问题,并投资近 1 000 万元建设了充填采矿实验室。2005 年 8 月 4 日,国家发改委能源局副司长吴吟和高技术产业司有关同志组成的调研组对实验室考察后,认为:"传统的'三下'(建筑物下、铁路下、水体下)采煤技术,在实际运用中存在着煤炭采出率低、控制地面沉陷难、搬迁村庄难度大等突出问题。膏体充填采矿技术的开发应用,是煤炭工业贯彻落实科学发展观、实现绿色采矿的重要举措,具有'高安全性、高采出率、环境友好'的基本特征,是一种新的绿色采矿技术,也是 21 世纪采矿技术的重要发展方向,是煤炭开采技术的革新,将为煤炭工业健康发展注入新的活力"。

煤矿膏体充填开采在我国是一个新兴研究方向,开展充填开采岩层控制理论与技术的研究,将对我国国民经济发展、社会稳定、生态环境的保护具有极其重大的现实意义和深远的历史意义。

1.2 国内外研究现状

1.2.1 充填技术的发展历史与现状

膏体充填是 1979 年德国在格伦德铅锌矿首先发展起来的第四代先进充填技术。世界上矿山充填发展已有近百年的历史,经历了废石干式充填、水砂充填、低浓度胶结充填、高浓度充填/膏体充填等四个发展阶段,一般认为:

第一个阶段,20 世纪 40 年代以前,以废石干式充填为代表,充填的目的是处理废弃物。如澳大利亚塔斯马尼亚芒特莱尔矿和北莱尔矿在 20 世纪初进行的废石干式充填;加拿大诺兰达公司霍恩矿在 20 世纪 30 年代将粒状炉渣加磁铁矿充入采空区;中国 20 世纪 50 年代初期废石干式充填成为金属矿山的主要采矿方法之一,1955 年在地下开采的有色金属矿山中采用废石干式充填方法的占 38.2%,在黑色金属矿山中达到 54.8%。自 20 世纪 50 年代以后,废石干式充填方法所占比重逐年下降,1963 年中国有色金属矿山采用废石干式充填方法的只有 0.7%。

第二阶段,20 世纪 40～50 年代,以水砂充填为代表。水砂充填在国内外煤矿一度作为解决地表开采沉陷,保护建(构)筑物的主要方法,曾经得到比较广泛的应用。世界上水砂充填最先进、应用最好的是波兰。1967 年波兰水砂充填法采煤占到总产量的 50.2%,目前,水砂充填产煤量仍占波兰煤炭总产量的 10%～20%。波兰以水砂充填为主,配合协调开采等措施,成功进行了卡托维兹(Katowice)、比托姆(Bytom)等城市下采煤。波兰吴杰克煤矿(Wujek)是欧洲最大的水砂充填矿井,年产量 220 万 t,水砂充填产煤量占 70％,充填管线最长达 4.5 km,典型的水砂充填工作面布置在卡托维兹市国际铁路车站下,工作面煤壁长 214 m,走向长 2 000 m,采高 3.2～3.5 m(煤层厚度 7 m 左右,分两个分层开采),煤层倾角 4°～6°,采深 700 m,采用综合机械化采煤,液压支架为带铰接尾梁和爬梯的支撑掩护式,其中尾梁由固定在掩护梁上的立柱支撑,采煤机割煤以后,即用圆木架棚,液压支架顶梁作用在圆木架棚下面支护顶板,支架后面每 3.5～4.2 m 为一个充填步距,充填区由圆木架棚和木点柱支护,用木点柱与编制塑料布作隔离墙,水砂充填材料的水砂比为 1∶1,一天一个正规循环,两班采煤,一班充填,工作面煤炭产量 3 500 t/d,年产量超过 100 万 t。中国也是世界上最早应用水砂充填的国家之一。1901 年扎赉诺尔煤矿开始应用水砂充填。1952 年以后水砂充填逐渐在抚顺、扎赉诺尔、阜新、鹤岗、辽源、蛟河、井陉、新汶等推广应用。1957 年水砂充填采煤量达 1 117 万 t,占全国煤炭产量的 15.58％。1965 年,山南锡矿首次采用尾砂水力充填,由于其系统复杂、成本高等原因,20 世纪 70 年代以后,被逐步淘汰,目前中国煤矿已经基本不用。

第三阶段,20 世纪 60～70 年代,以低浓度尾砂胶结充填为代表。由于非胶结的水砂充填体无自立能力,难以满足采矿工艺高回采率和低贫化率的需要,在水砂充填工艺得以发展和推广应用以后,开始发展采用尾砂胶结充填技术。如澳大利亚芒特艾萨矿,20 世纪 60 年代采用低浓度尾砂胶结充填工艺回采底柱。20 世纪 70 年代中国凡口铅锌矿、招远金矿和焦家金矿率先应用细砂胶结充填。目前,中国有 20 多座金属矿山应用细砂胶结充填。

第四阶段,20 世纪 80～90 年代,以高浓度、膏体充填为代表。1979 年德国格伦德铅锌矿为了克服低浓度胶结充填泌水严重等问题,在世界上首次试验膏体充填技术。试验成功以后,逐渐在南非、英国、美国、摩洛哥、俄罗斯、加拿大、澳大利亚、葡萄牙、坦桑尼亚、土耳其等国家的金属矿山得到发展和应用。需要指出的是,金属矿山采用膏体充填技术并不是为了控制地表沉陷,而是为了提高矿石采出率和出矿品位。中国 1994 年在金川有色金属公司二矿区建成第一条膏体泵送充填系统,之后铜绿山铜矿、湖田铝土矿、咯拉通克铜矿等也建设了膏体充填泵送系统。

1.2.2　开采沉陷的理论研究现状

地下有用煤炭被采出后,开采区域周围的岩体原始应力平衡状态受到破坏,造成应力重新分布,并寻求新的平衡,从而使岩层和地表产生移动变形和非连续性破坏,这种现象称为"煤矿开采沉陷",随着地下开采工作面的推进,采场顶板的变形过程与上覆岩层的变形过程是不同的,即采场的顶板岩层变形、层面开裂、弯曲、离层,达到极限跨距开始断裂、垮落,形成初次垮落乃至周期性垮落过程。在非充分采动过程中,采场上覆岩层表现出垮落、断裂、离层、移动和变形等特征,形成四带,即垮落带、断裂带、离层带和弯曲下沉带。在充分采动后,上覆岩层形成三带即垮落带、断裂带和弯曲下沉带,最终表现为地表大范围的下沉。地表沉陷幅度主要取决于开采煤层的厚度及上覆岩层的岩性,上覆岩层形成一个由动态到静态的沉陷发展过程,导致地表的建筑物、水体、耕地、铁路、桥梁破坏等诸多灾害性后果。开采沉陷是煤矿开采对环境影响的一个重要方面,井工开采与环境保护是当今可持续发展战略的主题之一,也是广大科技工作者的课题之一,寻求科学合理的解决途径是当代科技工作人员不可推卸的责任。

国内外对开采沉陷的研究由来已久,早在 15～16 世纪,人类就注意到地下开采引起的地表和岩层移动对人类生活和生产造成的影响。当时,比利时就颁布了一项法令,对因开采而使列日城的地下含水层水源受到破坏的责任人处以死刑。而在英国法院,记载有 15 世纪初有关开采损害财产的争论和诉讼。20世纪 30 年代,在一些矿业比较发达的国家,如苏联、波兰、德国、澳大利亚、加拿大、日本和美国等国家,已把岩层与地表移动作为一项重点研究工作,把这项研究工作作为一门学科而进行研究始于 20 世纪 20 年代,到 60 年代得到了迅速发展。多年来众多的研究者进行了大量的研究工作,取得了丰硕的研究成果。采矿工作者与测量工作者分别从不同的角度采用不同的方法对岩层移动与开采沉陷的规律进行了研究,前者着重对采动岩体的变形行为机理进行分析研究,后者则偏重对采动岩体的行为进行数理统计分析与描述,提出了众多典型的解释和控制采场矿山压力显现的假说与理论。

开采沉陷理论的发展概括起来可以分为三个阶段:① 开采沉陷的初步认识和研究阶段,自 1838 年比利时列日城下开采所引起的地表塌陷的认识开始到二战前夕。② 开采沉陷理论的形成阶段,二战以后至 20 世纪 60 年代末。③ 开采沉陷现代理论研究阶段,20 世纪 70 年代至今。

1839 年比利时组成专门委员会对列日城受开采影响而引起的破坏进行了调查,形成了最初开采沉陷学的"垂直理论"假设。1858 年比利时人哥诺(Gonot)在观测资料和"垂直理论"的基础上提出了"法线理论",后又被 Dumont进行了修正,提出了下沉量的计算公式 $W = m\cos\alpha$。1876～1884 年德国人依琴斯凯(Jicinsky)提出了"二等分线理论",1882 年耳西哈教授提出了"自然斜面理论",1885 年法国人 Fayol 提出了"圆拱理论",1889～1897 年豪斯提出的"分带理论"等,至此学者们对覆岩变形移动与地表下沉关系有了初步认识,并建立了相关的几何理论模型,这些理论成果为后来积分网格法和影响函数法的诞生在某种程度上起到了催化作用,但它们仅局限于简单、直观的几何图形上,对岩体的力学特性仍未予以考虑,故不能描述岩体与地表沉陷的本质过程。

20世纪开采沉陷学科迅速发展并逐步走向成熟。1903年,Halbaum 将采空区上方岩层看作悬臂梁,推导出地表应变与曲率半径成反比理论。1909年,波兰学者 Korten 根据实测结果提出了水平移动与变形的分析。1923~1932年,德国学者斯奇米茨(Schimizx)、凯因霍斯特(Keinhost)和巴尔斯(Bals)等研究了开采沉陷影响的范围及其分带,形成了影响函数的概念。1940年,德国学者派茨(Perz)等进一步研究发展了开采影响函数分布理论。1950年,波兰学者布德雷克(Budryk)和克诺特提出了几何理论,得出了正态分布的影响函数。1960年,南非的沙拉蒙(Salamon)应用弹性理论提出了面元原理,西德学者克拉茨(H. Kratzsch)总结概括了煤矿开采沉陷的预测方法,并出版了著作《采动损害及其防护》。苏联学者布克林斯基建立了在移动衰减函数基础上的岩层移动变形计算方法,研究了采动影响条件及允许变形,并出版了著作《矿山岩层与地表移动》。近二三十年来,由于一些相邻学科与开采沉陷相互渗透、互相促进,开采沉陷逐步发展成为一门综合性、边缘性的学科,并在概念、方法、手段上都有了很大发展。

中华人民共和国成立后,我国主要矿区先后开始地表移动观测,积累了大量实测资料,初步提出了地表移动与变形的计算公式及参数的确定方法。1965年,刘宝琛等以随机介质理论为基础,用概率理论建立了研究煤矿地表移动的概率积分法,并与廖国华合作出版了专著《煤矿地表移动的基本规律》。经过多年的研究发展,目前已经成为我国最成熟、应用最广泛的技术方法。1978年,刘天泉等对水平煤层、缓倾斜煤层、急倾斜煤层开采引起的覆岩破坏与地表移动规律作了深入研究,并提出了保安煤柱的开采方法,1981年,他又和仲惟林等学者合作,研究提出了覆岩破坏的基本规律,并针对水体下采煤取得了一些经验性的成果和方法,提出了导水裂隙带的概念,给出了垮落带与导水裂隙带计算公式,为提高煤层开采上限、减少煤炭资源损失作出了巨大贡献。1979年,刘宝琛等以概率的观点,研究了开采对岩体的影响,给出了一系列计算岩体位移场和变形场的公式。1981年,何国清等提出了从随机观点研究碎块体移动规律的碎块体理论,得出了和威布尔分布密度函数形式相同的下沉单元盆地表达式。1983年,马伟民、王金庄等组织编著了《煤矿岩层与地表移动》,并详细介绍了该领域的研究成果。周国铨、崔继宪提出了负指数函数法计算地表移动。何万龙等总结出山区地表移动计算公式。白矛、刘天泉对条带开采法中条带尺寸进行了研究。李增琪将开挖引起的地表移动看成是层间既满足力学平衡条件又满足几何接触条件的多层宏观各向同性的弹性力学问题,采用富氏积分变换法计算岩层和地表移动,后来杨硕对其又进一步完善并应用于生产。1987~1989年,张玉卓应用边界元法研究了断层影响下地表移动规律及提出了岩层移动的错位理论。吴立新提出了条带开采覆岩破坏的托板理论,邓喀中提出了岩体开采沉陷的结构效应。崔希民等以 Knothe 时间函数为基础,给出了符合实际地表移动过程的时间函数。杨伦、于广明的岩层二次压缩理论,将地表沉陷与岩层的物理力学性质联系起来。于广明应用分形及损伤力学研究了开采沉陷中岩层非线性影响的地表沉陷规律。邓喀中采用断裂力学、损伤力学相结合的方法,分析了岩层及地表移动的影响。李云鹏、王芝银先后提出了开采沉陷黏弹塑性损伤模型和裂隙损失岩体动态有限元分析模型。王建学提出了开采沉陷的塑性损伤结构理论。

近年来随着科学技术和研究手段的提高,开采沉陷理论研究得到了进一步发展。特别是计算机技术的飞速发展,使数值模拟和人工智能被成功应用到开采沉陷研究中,进行连续或非连续介质的大变形分析,为研究大范围岩层移动规律提供了条件。如唐春安等研究与开发的 RFPA^{2D},能够真实地模拟开采过程中覆岩变形、离层、断裂及地表沉陷规律,为采场覆岩移动规律研究提供了一种新方法;美国明尼苏达 ITASCA 软件公司开发的 FLAC^{2D}、FLAC^{3D}、UDEC^{2D}、UDEC^{3D}、PFC 等一系列大型商业化计算软件,现在被广泛应用于地理勘探、土木建筑、采矿等行业。1988 年,谢和平利用非线性大变形有限元程序对巷道和采场引起的岩层移动进行了定量和定性分析,取得了理想效果,为岩层移动定量和定向的预测提供了一种新方法。1989 年,何满潮应用非线性光滑有限元法研究了软岩强度低、变形能量大的力学机制,建立了软岩工程的设计方法。麻凤海应用离散元法研究了岩层移动的时空过程,对岩体开采沉陷的状况进行了很好的模拟。高延法采用黏塑性有限元法对岩层移动进行计算研究,认为地表水平移动是岩层与松散冲积层倾斜变形引起的,水平移动值取决于倾斜和表土层翘曲变形两种因素。可以说,我国在岩层移动和开采沉陷的理论研究和实际应用方面都取得了巨大的成就。

1.2.3 开采沉陷控制技术研究现状

国内外学者、专家和工程技术人员为了减弱开采对地面建筑物、水体、铁路、桥梁、管路、通信光缆等设施的损害,保护农田及生态环境,开发了许多控制覆岩及地表沉陷的技术措施,发展到今天成为我国主要控制地表沉陷的"三下"开采技术,其主要方法和技术特点如下。

1. 留设保护煤柱法

该方法多用于保护工业广场、井筒及重要建筑物或用于浅部开采,其针对不同的保护对象,留设一定尺寸的保护煤柱,再对煤柱外的煤炭资源进行开采回收。这种方法对保护地面建筑物与设施无疑是最有效的,但通常会造成煤炭资源的严重浪费。虽然在矿井报废时可设法回采,但采出率低。同时,由于煤柱留设尺寸的特殊性,使得煤柱外采区与工作面布设难度增大,制约高效生产。

2. 采空区充填法

采空区充填方法早在苏联及波兰应用较多,我国自 20 世纪 60 年代开始引进该技术,主要有水砂充填、风力充填、矸石自溜充填、矸石带状充填、条带加充填等方法。采用此法不仅可以降低开采对覆岩的破坏程度,而且可使地表沉陷控制在较小范围内。同时,矸石回填井下采空区,也做到了废物的再利用,减少了占地及环境污染,此法在我国已经受到重视和关注。其特点在于,开采工序增多,影响生产效率,生产成本及矿井建设投资增大。

充填开采中,水砂充填应用最多,减沉效果也最好,地表下沉系数 q 为 0.1～0.3,同时,减沉效果也随充填材料的不同而变化。风力充填时,材料运输比较简单、适应性强、充填能力大,但是风力充填对充填材料的粒度要求较高,而且需要专门的压风机、充填机和充填管路,电耗大、管路磨损快,其充填控制地表下沉系数 q 为 0.3～0.4。在我国,由于水砂充填开采系统复杂、成本高等原因,逐渐减少其应用,近十多年来,国内几乎未采用该技术进行煤炭开采。

近年来,王悦汉、杨宝贵等研究了煤矿采空区胶结充填控制地表沉陷的相关理论;刘长友、谢文兵等采用数值计算对充填开采时围岩的活动规律及其稳定性进行了研究;周华强对充填工艺及其地表沉陷进行了较为深入的研究,提出的膏体充填采煤法在现场得到了应用,取得了初步成果。

3. 部分开采法

部分开采法主要包括条带(协调)开采法、房柱式开采法、刀柱开采法及限厚开采法等。该开采法在保证地表不出现波浪式下沉的条件下,选择适当的采留比,可采出 40%～60%的煤炭资源。

(1) 条带开采

条带开采是把要开采的煤层划分成比较正规的条带进行开采,采一条留一条,利用保留的煤柱支撑上覆岩层,从而减少覆岩沉陷,控制地表移动和变形,达到保护地面的目的。其优点是:不改变采煤工艺,大幅度减少地表沉陷。

条带开采主要应用于以长壁开采为主的中国及欧洲各国。自 1967 年以来,我国在抚顺、阜新、蛟河、淄博、平顶山、峰峰等应用条带开采法回采建筑物下、铁路下、水体下压煤,取得了许多有益的经验,已经成为一种有效的建筑物下采煤方法。波兰、英国、苏联等国于 20 世纪 50 年代开始应用条带开采法回采建筑物尤其是村镇、城市下压煤,已取得了较为丰富的经验。

按顶板管理方式,条带开采可以分为冒落条带开采和充填条带开采。冒落条带法,地表下沉系数 q 一般为 0.10～0.20。当煤柱宽度偏小时,地表下沉系数将增大,如苏联滨海煤管局三矿在采深 265 m、煤层厚度 2.5 m 条件下,开采条带和煤柱条带都为 4 m 时,地表下沉系数 q 为 0.336。冒落条带开采在抚顺、阜新、蛟河、峰峰、鹤壁、平顶山、徐州等许多矿区得到广泛应用。目前,我国煤矿冒落条带开采的宽度一般限制在采深的 0.1~0.2 倍范围内,采出率为 40%~60%,而且采深越大,煤层越厚,采出率越低。

条带开采后使用水砂材料充填采空区(即水砂充填条带法),可以进一步提高地表下沉地控制效果。如波兰采用水砂充填条带法开采卡托维兹、贝托姆等多座城市下煤炭资源,地表下沉系数 q 仅为 0.009~0.036,抚顺胜利矿采用该法开采某车辆修理厂、大型石油炼制厂下保护煤柱,地表下沉系数 q 仅为 0.012~0.013,均实现了安全开采。

郭广礼根据荷载置换原理,最近提出了"条带开采—注浆充填固结采空区—剩余条带开采"三步法开采沉陷控制的新思路。

围绕条带开采,国内外学者发展了有关条带煤柱设计理论,如有效区域理论、压力拱理论、威尔逊理论、核区强度不等理论、大板裂隙理论、极限平衡理论等,提出多种煤柱强度计算公式,最常用的有欧伯特-德沃尔/王(Obert-Duvall/Wang)公式、浩兰德(Holland)公式、沙拉蒙-穆努罗(Salamon-Mnuro)公式、比涅乌斯基(Bieniawski)公式等,国内主要采用威尔逊理论进行条带煤柱设计。

(2) 房式及房柱式开采

房式及房柱式开采的实质是在煤层中开掘一系列 5~7 m 宽的煤房,煤房间用联络巷相连,形成近似于矩形的煤柱,煤柱宽度由数米至十几米不等,回采在煤房中进行。煤柱不回收的称为房式开采,煤柱回收的称为房柱式开采。由于房式开采与房柱式开采巷道布置基本相似,因此美国现在将这两种方法统称为房柱式开采法。

在美国、南非等国,房柱式开采是一种成熟的开采方法,可作为一种常规的采煤方法,也可作为煤矿地表沉陷控制的开采手段。在我国,神华集团大柳塔矿曾采用房柱式开采,回收不适于布置长壁工作面的边角煤,鸡西矿务局小恒山矿将该法应用于薄煤层开采,而陕西黄陵矿是我国第一个完全采用连续采煤机房柱式开采设计的大型矿井。房柱式开采采出率一般为 50%~60%,地表下沉系数 q 为 0.35~0.68,房柱式开采的主要问题是如何保证房柱的长期稳定,避免大面积垮落。

4. 采空区冒矸空隙注浆充填

采空区冒落矸石空隙注浆充填技术是在采空区冒落矸石之间的空隙未被压实之前注入浆液予以充填,充填材料胶结冒落岩块后,一起支撑上覆岩层,起到控制地表沉陷的作用。

20世纪90年代初,德国矿冶技术公司(DMT)与鲁尔煤炭公司合作,在摩诺泊尔(Monopol)、瓦尔苏蒙(Walsum)等煤矿,采用该技术充填冒落的采空区,控制地表下沉并处理固体废弃物。因其充填的目的是处理固体废弃物,是在直接顶冒落后才进行充填,所以,充填程度不够,地表下沉系数($q=0.30\sim0.40$)较大,介于水砂充填与风力充填之间。但由于德国煤矿相继关闭,该技术没能进一步深入开展下去。此外,王建学等对该技术进行了相关理论研究。

5. 覆岩离层区注浆

覆岩离层区注浆技术最早是由苏联学者提出的,其实质是煤层开采后,岩层发生弯曲变形。当岩层间的剪应力超过其抗剪强度时,将出现层间错动。若各岩层的刚度不同时,其挠度变形不协调,岩层出现分离,形成了离层。离层注浆是利用覆岩运动过程形成的离层空间,通过地面打钻至可利用的离层空间,由钻孔向离层空间注浆进行充填,控制离层空间上方岩体的变形破坏,从而控制地表沉陷。

20世纪70年代末,波兰等国开始进行覆岩离层区注浆的现场试验研究。波兰卡托维茨工业大学帕拉斯基(Palaski)介绍了波兰使用该技术的减沉效果,与全部垮落法开采相比,离层区注浆法可使地表移动变形减少$20\%\sim30\%$。1985年,我国学者范学理等将该技术引进国内,并在抚顺老虎台矿进行试验,并获得了中国专利,为我国煤矿沉陷控制开辟了一条新思路。此后,国内先后在大屯徐庄矿、新汶华丰矿、兖州东滩矿和济二矿、开滦唐山矿等10余个工作面进行了试验。据文献记录,我国采用覆岩离层区注浆技术,地表减沉$36\%\sim65\%$,在唐山矿则达到了83.1%。

随着现场试验点的不断增加,覆岩离层区注浆的相关理论研究也成为采矿学术界的一个热点,有关上覆岩层离层规律、离层区注浆减沉机理等论文和专著纷纷面世。但国内采矿学者对这项新技术的评价一直存在分歧,特别是对控制地表沉陷效果上认识不一。王金庄等根据深部钻孔测点观测认为,离层带内的离层空间最大占开采空间的$30\%\sim40\%$,离层区注浆减沉效果一般在30%左右,最大达40%。杨伦深入讨论了离层注浆的理论实质后认为,离层形成的空间体积较小,即使全部注入充填物,其减沉效果也十分有限,在对极不充分开采条件下的下沉系数进行修正后,经重新计算得出已进行现场试验的实际减沉效果应为$15\%\sim20\%$,而不会更高。

1.2.4 开采沉陷理论与控制技术存在的问题与不足

如前所述,开采沉陷理论主要研究覆岩移动规律和覆岩破坏机理及其动力学行为。采矿工作者和测量工作者分别从不同的角度对岩层移动和地表沉陷规律进行了研究,前者偏重于采动岩体行为的力学机理分析,是通过对覆岩破坏、变形、运动规律的研究,进而分析地表变形破坏情况,而后者偏重于采动岩体行为的统计分析与描述,是通过对地表变形破坏规律的研究,再分析覆岩的变形、破坏情况,在理论研究和实际应用方面均取得了丰硕的成果。

膏体充填开采与其他开采方法相比较,其最大的优点在于顶板下沉只发生在工作面前方煤体和控顶区,采空区顶板下沉由于充填体的支撑作用得到控制,基本不沉降。但现有对采动岩层控制理论和地表沉陷规律的研究大多是针对采用垮落法管理顶板的工作面。虽然充填开采在国内外已有几十年的历史,但充填开采岩层控制理论的研究尚比较缺乏,充填开采岩层控制理论是有充填体参与作用下的,采空区覆岩和地表变形破坏的关系规律,区别于垮落法开采的岩层控制问题。因此,充填开采岩层控制理论是研究充填开采覆岩变形破坏和地表沉陷的基础,是确定充填方法、充填材料性能和支架支护强度的依据,也将为降低充填成本提供重要参考,必须加强充填开采岩层控制理论的研究。

通过对留设保护煤柱开采、采空区充填开采、部分开采、采空区冒矸空隙注浆充填、覆岩离层区注浆等几种开采方法的论述,可以看出目前控制煤矿地表沉陷的主要技术存在以下问题和不足。

1. 充填开采

充填开采始于 19 世纪末,我国于 1963 年应用于工业性试验,现已发展为高浓度、似膏体、膏体充填。早期的充填开采主要是水砂充填开采,其主要存在如下问题:第一,水砂充填不仅需要建立从地面到井下工作面的充填物料输送系统,在充填工作面还需要建立泄排水系统,随工作面推进又必须用人工不断拆、建隔离工作面与充填区的挡水墙(板)。而且水砂充填物存在比较严重的泌水收缩,为保证采空区充填体接顶质量,经常需要反复充填,因此充填工艺复杂,工效不高,充填成本高。第二,水砂充填采煤工艺落后,砂源困难,压缩率为 10% 左右,需要过滤排水,系统复杂,污染井下环境,溢流尾砂不能用,难以实现机械化,劳动效率低,不能满足高产高效生产的需要。

2. 局部开采

局部开采方法中条带开采应用范围最广,研究最多,局部开采理论的系统性研究还需进一步深入。其主要存在以下问题:① 浪费大量煤炭资源,采出率只有 40%~60%,厚煤层、薄基岩、大采深等条件下采出率更低;② 条带开采设计宽度较小,为矿井实现机械化开采人为设障,而且若在深部采用现行设计,将会带来更大的带压开采困难;③ 深部条带开采的地表沉陷机理和规律研究不够充分,传统预计模型和方法预计结果与实际偏差较大;④ 多煤层、厚煤层开采时,在外因扰动(断层、活化、蠕变效应、构造应力突变等)情况下,煤柱变形、强度弱化,将增加沉陷破坏的突然性以及地表残余变形的程度和时间,容易造成地面大面积垮落。

3. 覆岩离层注浆

1980 年之前,苏联和波兰等国学者提出了覆岩离层现象、离层带形成问题,并于 20 世纪 80 年代从波兰首先发展起来。80 年代后期,抚顺矿务局首次采用离层区充填注浆减缓地表下沉试验成功之后,该项技术在多个煤矿进行了现场试验,取得了一定成效。其存在的主要问题是:离层区注浆充填的区域是岩层间产生的离层,而不是造成地表沉陷的根源——采空区,因此,采空区上覆岩层仍然要压缩沉降,导致该法难以满足地表沉陷控制的要求,并被事实所证明。

4. 采空区冒矸空隙注浆充填

采空区冒落带空隙注浆充填开采,可以实现采矿与充填的平行作业,对工作面生产影响小。但其存在的问题是:充填前顶板已经破坏、垮落、下沉,无法保证充填效果,减沉效果有限。

综上所述,正是因为传统的"三下"采煤技术存在诸多问题,所以我国急需发展新的采煤技术。正如我国著名采矿专家钱鸣高院士所说:"几十年来,'三下'采煤技术没有根本改变,需要发展新的不迁村采煤技术。"为此,广大专家、学者不断进行新技术的尝试,从"三下"采煤的需要出发,水砂充填、矸石充填、膏体充填在技术上都能够解决"三下"开采问题,但因膏体充填系统简单,控制效果最好,是中国煤矿 21 世纪"三下"采煤技术的发展方向。

1.3　煤矿膏体充填研究现状

膏体充填技术在金属矿试验成功以后就得到德国煤炭行业的重视,1991 年德国矿冶技术公司与鲁尔煤炭公司合作,把膏体充填开采技术应用到沃尔萨姆(Walsum)矿,充填长壁工作面后方的冒落采空区,以控制开采引起的地表下沉和处理固体废弃物,所用膏体充填材料由粉煤灰、浮选矸石、破碎岩粉等制成,不添加胶结料,物料的最大粒径小于 5 mm,浓度比较高,质量浓度达到 76%～84%。沃尔萨姆矿使用普茨迈斯特公司生产的液压双活塞泵压力输送充填材料,工作压力为 25 MPa,最大输送距离达 7 km,主充填管沿工作面煤壁方向布置在输送机与液压支架之间,每隔 12～15 m 的距离接一布料管伸入到采空区内 12～25 m 进行充填,充填管路紧随着工作面设备前移,如图 1-1 所示。充填管接入采煤工作面后方的长度取决于弯曲下沉带顶板对采空区冒落矸石的压实过程,在冒落矸石初步形成,还处于松散状态或只有轻微压实的时候进行及时充填效果最好。膏体材料充填工作面不设置隔离滤水设施,利用冒落矸石的吸水效应可以控制膏体材料在扩散还未进入支架区就失去流动性。因此,这种充填方式对工作面的生产条件和环境条件没有明显的不良影响,而且把固体废弃物处理与提高资源利用率结合起来,展示了未来煤矿开采的发展方向。

图 1-1　德国沃尔萨姆煤矿膏体充填方式

膏体充填开采是在顶板垮落前及时充填采空区,顶板下沉只发生在工作面前方和控顶区,采空区顶板下沉则因充填体的支撑作用得到控制,故对地表沉陷的控制效果最好。特别是近些年来,由于充填材料、充填工艺、管道输送装备和技术的不断更新,充填成本的相对降低,该方法在煤炭矿山推广应用已成为一种趋势。膏体充填是技术含量高、控制效果好,但技术难度也大的新型充填技术。

金属矿与煤矿在应用充填技术上有较大差别。一方面,金属矿工作面围岩较稳定完整,充填作业一般是在工作面回采结束后一次完成,且对充填体的早期强度无特别要求;而煤层顶板岩层的稳定性较差,充填作业必须与采煤作业协调进行,一般要求在直接顶未垮落前及时充填采空区,并要求充填体有一定的早期强度,形成一个以充填体为主体的支撑体系,控制岩层移动与变形。这就要求解决充填系统与煤矿开采系统的协调问题。另一方面,目前金属矿山膏体充填成本较高,一般要求充填体最终抗压强度大于 4 MPa,水泥用量 $200\sim250$ kg/m^3,成本约 80 元/m^3。虽然近年来煤炭价格上涨,煤矿效益提高,对充填成本的承受能力有所增强,但追求最低成本,膏体充填技术在煤矿才有生命力。其降低成本的主要途径有:① 采用来源广泛的廉价固体废弃物,降低充填材料的直接成本;② 基于岩层控制理论,确定膏体充填采煤对充填体物理力学特性要求及合理充填量,从而降低对充填体的强度要求和减少充填材料用量。

在国内,中国矿业大学率先开展了膏体充填开采技术的研究,周华强提出了全采全充法、短壁间隔充填法、长壁间隔充填法、冒落区充填法、离层区充填法等5 种充填方法,研制了 2 种适合煤矿膏体充填的新型胶结料。

中国矿业大学设计了太平煤矿膏体充填系统,作为我国第一个膏体充填示范工程,从 2006 年 5 月进行工业性试验,试验工作面煤层厚度在 9 m 左右,基岩厚度为 5.4~50 m,埋深为 200 m 左右,基岩上方即是第四系强含水层,如果采用传统的条带开采,采出率不足 10%,而应用膏体充填开采技术,采出率可提高到 90% 以上。为提高采出率和开采上限,开展膏体充填开采新技术研究,设计充填能力为 150 m³/h,两个工作面进行轮流充填开采,该项目于 2008 年 11 月进行了鉴定,整体水平达到国际领先水平。截至 2009 年 8 月底,已经充填 70 多万立方米,成功采煤 100 余万吨。与此同时,李学华、张吉雄分别进行了矸石井下处理工业性试验,取得了一定的效果,中南大学设计了孙村煤矿膏体自溜充填系统,这些都促进了该技术的发展。

随后,科技工作者也开展了相关的理论研究工作。瞿群迪利用空隙量守恒理论对膏体充填开采岩层控制和充填工艺进行了研究,分析了地表沉陷控制效果;赵才智对新型充填材料的性能进行了相关研究;张吉雄基于关键层理论,研究了矸石充填开采矿压显现规律与地表变形特征;郭振华采用数值模拟方法研究了充填开采覆岩活动规律;郑保才通过实测分析,研究了膏体充填分层开采矿压显现特征与地表沉陷规律,均取得了一定的研究成果。

虽然煤矿膏体充填岩层理论研究仍处于初级阶段,但因其技术路线合理、地表沉陷控制效果显著,引起了越来越多煤矿的关注与重视。自 2007 年以来,中国矿业大学先后与冀中能源峰峰集团小屯矿、焦作朱村矿进行了合作,展开膏体充填开采的工业性试验,并取得了成功。目前,正在与岱庄矿、鹤壁 2 矿合作开展膏体充填开采技术研究,实现不迁村采煤。

1.4　膏体充填技术特点及其主要问题

膏体充填技术开辟了岩层移动及地表沉陷控制的新途径。其特点如下:

(1) 其开采工艺减少了开采后的地表沉陷,从而降低了开采对地表环境的影响,利用废弃物进行充填,既解决了废弃物的占地问题,减少了对土地的损害,同时又解决了废弃物的污染问题,减少了对环境的损害。

(2) 由于开采工艺的改变,可改善井下工作条件,特别对水害、瓦斯突出和冲击地压的发生起到有效的预防作用。

(3) 可提高资源采出率,增加资源洁净开采,同时,减轻开采对地表建筑的破坏影响,缓解开采沉陷引发的社会矛盾。

(4) 采用充填开采可极大限度地减少开采影响时间,缩短对地面环境的影响时间,减少了环境破坏的不确定因素。

总之,该技术无须改变矿井现有系统,治理与环保相结合。在控制岩层移动和地表沉陷的同时,又处理了粉煤灰、煤矸石,保护了环境,减少了地下水的流失,适用范围广,其主要工艺流程如图 1-2 所示。为了促进膏体充填技术在我国煤矿的广泛应用和发展,保证矿区的可持续发展,需要对充填开采的相关内容进行系统深入研究。主要包括以下几个方面:

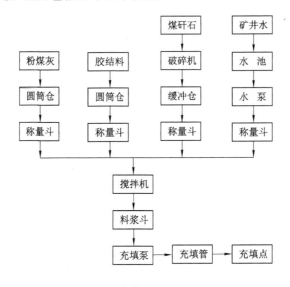

图 1-2　膏体充填工艺流程

(1) 充填开采顶板岩层变形、移动、破坏规律。由于采空区充填体的存在,改变了传统开采法的围岩应力状态,顶板岩层变形、破坏范围将受到影响,需要研究充填开采时顶板岩层变形、破坏规律,充填材料的力学性能和充填效果对工作面矿压显现和顶板岩层变形破坏的影响。

(2) 煤矿充填开采充填体的作用机理研究。已有研究成果表明,不同的充填目的和围岩条件,采场充填体的作用是不同的。煤矿膏体充填开采的主要目的是减沉,控制地表变形在允许范围内,不同于金属矿山充填开采以提高矿石品位或维持局部围岩稳定为目的,而且煤矿的层状围岩条件与金属矿的脉状岩体不同,需要根据煤矿岩层的运动特点,并结合减沉要求,研究煤矿充填开采充填体的作用机理。

(3) 充填开采控制地表沉陷的影响因素及规律。与垮落法开采不同,充填开采时,充填体和上覆岩层共同作用来控制地表变形破坏,通过控制直接顶及下位基本顶的移动变形,来实现对地表沉陷的控制,需要研究充填开采地表变形规律以及采煤工艺、充填工艺和充填体力学性能等对覆岩移动的影响和充填开采的减沉机理,确定充填开采条件下岩层移动稳定的判据和合理的充填指标。

（4）充填工作面支架与围岩关系研究。传统方法研究的重点是分析直接顶（顶煤）力学性质对支架与围岩相互作用力的影响，将支架简化成一个力学单元，没有考虑支架整体结构运动的影响，而充填开采时由于充填体的作用改变了传统的支架与围岩的作用关系，需要研究直接顶-煤体（壁）-充填体-支架共同作用系统下，支架与围岩运动的动态作用规律，为深入研究充填支架与围岩的作用关系创造条件。

（5）充填体与围岩关系研究。已有方法重点研究了充填体与围岩的相互作用，将充填材料简化成某一确定强度，忽略了龄期对充填体强度的影响，而充填体强度随龄期延长逐渐增强，然后趋于稳定，由此带来的充填材料龄期与围岩动态稳定性成为充填体强度与围岩关系的重点问题，需要研究充填体强度导致的顶板岩层稳定问题。

（6）充填工作面支护设备研发。充填开采相比其他开采技术增加了充填准备、充填和充填材料凝结过程，该期间无法进行采煤作业，造成煤矿生产效率的降低，需要从支架结构着手，研究解决充填工艺与采煤之间相互干扰的问题，以实现煤矿的高产高效。

（7）充填关键设备研发。与其他开采方法相比，充填开采控制岩层移动和地表沉陷的优越性已在现场实践中得到了证明，但由于充填系统关键设备（充填泵）技术要求高，需向国外订购，造成系统投入大（约占总投入的 50%），制约了该技术的推广应用，需要加大关键设备的研发力度，在实现国产化的同时又降低了系统投入，促进了充填技术的推广与应用。

1.5 研究内容与方法

目前，充填开采控制岩层移动和变形的相关理论研究尚不充分，本书利用充填开采的关键层理论，采用理论分析、物理模拟、数值模拟和现场试验相结合的方法，对充填开采岩层移动变形规律及地表沉陷进行研究，为充填开采岩层控制和该技术的推广应用提供理论与技术支持。具体内容包括以下几个方面。

1. 充填开采覆岩破坏的特点

通过物理模拟，研究垮落法开采与全部充填法开采覆岩变形破坏特点，着重对比分析覆岩移动、工作面应力变化规律，确定充填开采控制岩层移动的关键。采用 FLAC 模拟不同开采方法覆岩破坏发展、工作面应力的变化规律。然后实测太平煤矿充填开采覆岩破坏情况，研究充填开采采动影响范围及其分类，最后分析充填开采覆岩移动变形过程及其充填体的作用机理。

2. 充填开采覆岩控制的理论研究

分析煤矿开采覆岩变形破坏的基本规律。通过理论研究,分析充填开采控制岩层移动的机理,顶板岩层移动的基本规律,分析充填开采时控顶区和充填区的支护强度及其影响因素,为充填支架的支护强度以及充填体强度的确定提供理论基础。

3. 充填开采控制地表沉陷的影响因素

从煤矿地表沉陷控制的基本要求着手,分析充填开采关键是控制煤层顶板岩层的移动变形,达到控制地表沉陷的目的。采用弹性地基梁理论,研究顶板岩层下沉的计算方法及其影响因素。引入计算采高的概念,提出充填开采岩层移动稳定性判据,并分析其减沉机理。

4. 充填开采地表沉陷预测研究

通过实验室试验,对充填材料的压缩性能进行相关研究。分析充填开采地表沉陷的组成及其影响因素,建立地表沉陷的理论模型。然后结合试验矿井的具体条件,采用预测软件(MSPS)对充填开采后的地表沉陷进行预测研究。

5. 充填开采岩层移动的模拟研究

以试验矿井的地质条件为基础,采用数值计算方法,建立充填材料强度变化作用的模拟模型,研究开采深度、顶板类型、采高、工作面推进距离不同时,充填工作面矿山压力的变化规律。针对小屯矿,分析不同充填率对地表沉陷控制和工作面支承压力的影响,提出充填率控制要求以及充填开采的发展方向。

6. 充填开采工业性试验及效益分析

以小屯矿膏体充填开采为基础,应用上述理论成果,完成对小屯矿膏体充填开采的方案设计。并通过对现场实测结果的分析,提出改进意见,并进行效益分析。

2　充填开采覆岩变形破坏特征研究

　　要研究充填开采对覆岩移动的控制作用,需要掌握充填开采过程中覆岩的变形破坏特征。由于采空区充填材料的压实过程极其复杂,本构关系不断变化,而且煤矿地质复杂,煤层充填开采后覆岩的变形破坏区又属于隐蔽工程,无法进行现场观测,实测资料也较少,本章采用物理模拟、数值计算和现场实测相结合的方法,对全采全充条件下覆岩移动破坏特征进行研究。

2.1　充填方法及其特点

　　充填方法的选择和充填工艺技术参数的确定之间是相互影响、相互制约的,因此在确定充填方法及其工艺参数时要考虑技术上的可行性,也要考虑经济上是否合理。

　　周华强提出了固体废弃物膏体充填开采技术,并根据适应条件提出了短壁间隔充填法、长壁间隔充填法、全采全充法、冒落区充填法、离层区充填法等5种膏体充填方法。其中,由于冒落区充填法和离层区充填法在实施过程中均存在时空关系要求严格,即使实施充填的区域准确可靠,又存在充填量有限而导致减沉效果不明显的问题,通常用于薄煤层或矸石处理等,起到缓沉的作用,难以实现建筑物下采煤,本书不再进行研究与赘述。

2.1.1　短壁间隔充填法

　　短壁间隔充填法是一种部分充填法,就是在村庄建筑物压煤范围内,对煤层划分成宽度只有数十米的短壁条带工作面,每两个相邻的短壁开采条带安排一个工作面后方的采空区采用胶结性固体废弃物膏体材料全部充填,另一个工作面采用垮落法进行工作面顶板管理,即相当于把普通条带开采时的条带煤柱置换成胶结性充填体。短壁开采条带之间保留窄煤柱,形成一个以膏体充填体、关键层、窄煤柱共同作用支撑体系,控制覆岩和地表沉陷变形,达到保护村庄建筑物的目的,其原理图如图2-1所示。

　　该方法仅仅相当于原来条带开采时的部分条带煤柱被充填体置换采出,充填量不大,所需充填材料少,采空区充填体的隔离墙构筑快捷、方便。但由于该法使得充填体的受力状态较差,同时,由于工作面较短,推进速度快,要求充填材料能够快速凝结并及时支撑顶板,对充填材料的力学性能要求较高,相应的充填成本也会增加,而且工作面搬家频繁,生产效率较低。

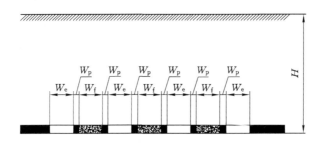

图 2-1　短壁间隔充填法示意图

W_e——非垮落面宽度;W_f——充填面宽度;W_p——煤柱宽度;H——采深

2.1.2　长壁间隔充填法

长壁间隔充填法是另一种部分充填方法,就是把村庄下压煤划分为若干个普通的长壁工作面,随着工作面向前推进,在工作面的后方,直接顶尚未整体垮落前,滞后工作面后方适当距离,通过沿工作面煤壁方向每隔一定距离构筑一个沿着工作面推进方向布置的具有一定宽度的充填通道,充填通道之间可以部分充填或者不充填。这样形成的充填条带支撑上覆岩层,以求达到控制地表沉陷所要保护的村庄建筑物在允许的范围内,最终实现不迁村采煤的目的,其原理图如图 2-2 所示。

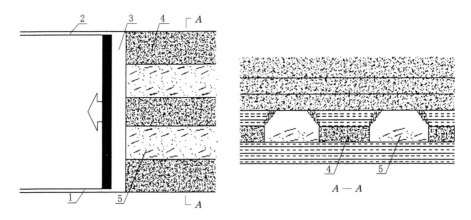

图 2-2　长壁间隔充填法示意图

1——工作面运输巷;2——工作面回风巷;3——长壁工作面;4——膏体充填带;5——垮落带

　　该方法相当于长壁工作面回采后,对采空区进行条带充填管理顶板,充填材料用量较少,工作面搬家次数少,生产效率较高,但是充填隔离墙的构筑复杂、耗时长,构筑隔离墙所需的辅助材料多,对充填材料的要求相对短壁间隔充填更高,同时成本也会相应增加。

2.1.3　全采全充法

　　全采全充法也就是全部充填法,即在顶板岩层冒落之前,利用胶结性充填材料对工作面后方的采空区进行全部充填。形成一个膏体充填体、煤体、围岩共同作用的支撑体系,以控制覆岩移动和地表变形,达到保护建筑物的目的,其原理图如图 2-3 所示。

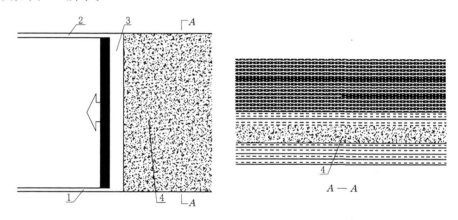

图 2-3　全采全充法示意图

1——工作面运输巷;2——工作面回风巷;3——长壁工作面;4——膏体充填层

　　该方法对覆岩移动和地表变形的控制效果最好,充填体在采空区内处于三向均受力的状态,对充填体强度的要求相对较低。充填隔离墙构筑的复杂程度介于上述两种充填方法之间,由于充填材料的用量大,要求矿区周围有大量廉价的充填材料来源,以降低成本。本书主要对全采全充法展开相关研究。

2.2　覆岩变形破坏的物理模拟研究

　　物理模拟是以相似理论为基础的模型试验技术,是研究煤矿开采覆岩移动和地表变形的有效方法之一,可以研究工程实践中无法试验或观测的规律,可对未知理论进行探索研究,本节采用物理模拟研究充填开采覆岩变形破坏特征。

　　通过对我国主要矿区及矿井煤层直接顶岩性的调查统计,结果表明:直接顶属于中等稳定以上类型的占统计结果的 3/4(统计 79 对矿井)。因此,模拟主要研究中等稳定顶板条件下,充填开采覆岩变形破坏特征,以解决充填开采岩层控制的关键理论问题。

2.2.1 物理模拟原型

模拟试验以太平矿 8311 首个充填工作面为原型。采用相同的材料和配比分别制作垮落法开采和充填法开采模型,以模拟相同的地质条件。

8311 充填工作面是走向长壁工作面,工作面长度为 160 m,走向长度为 1 020 m,煤层埋深为 160~220 m,表土层厚度为 160~180 m,顶板基岩厚度一般在 5.4~50 m。煤层厚度为 9.0 m,分层充填开采,采高为 3.0 m,全部充填采空区,日推进度 2 m。综合太平煤矿煤系地层柱状图和顶板岩层的工程地质特征,并依据已采工作面的相关参数(初次垮落步距、直接顶厚度和抗压强度),对照直接顶板分类指标可判断 8311 直接顶属于中等稳定型顶板。按照直接顶分类指标对顶板进行分类简化,得出模型内各岩层的物理力学参数见表 2-1,物理模拟原型如图 2-4 所示。

表 2-1　　　　　　　　　　　模型内各岩层力学参数

编号	名称	原型			模型			配比
		层厚 /m	密度 /(g/cm³)	抗压强度 /MPa	层厚 /cm	密度 /(g/cm³)	抗压强度 /kPa	
1	表土层	160	2.2	0.5	80	1.5	1.5	1 273
2	粗砂	3.5	2.5	34	1.75	1.7	40.0	573
3	细砂	15.3	2.5	67	7.7	1.7	447	655
4	粉砂	6.4	2.3	28.9	3.2	1.5	193	855
5	中砂	5.0	2.7	48	2.5	1.8	320	573
6	粉砂	1.34	2.6	49	0.67	1.7	327	755
7	中砂	3.0	2.3	33	1.5	1.5	76.7	673
8	细砂	7.5	2.4	45	3.75	1.6	83.3	573
9	粉砂	5.0	2.5	41	2.5	1.7	70.0	773
10	泥岩	0.5	2.7	25	0.25	1.8	41.7	1073
11	煤层	9.0	1.35	12	4.5	0.9	40.0	1 073
12	细砂	15	2.4	43	7.5	1.6	96.3	755
13	中砂	25	2.6	34	12.5	1.7	80.0	673
14	充填体	3	1.8	1.5	1.5	1.2	5.0	1 273

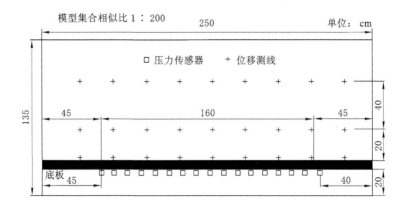

图 2-4　物理模拟原型

2.2.2　相似条件的确定

根据相似材料配比的量纲原理和试验结果,结合本次模拟试验研究的内容,确定模型的几何相似常数 $b=200$,容重相似常数 $c=1.5$,应力相似常数 q 为 300（＝几何相似常数×容重相似常数）,时间相似常数 t 为 $14(=\sqrt{b})$。

2.2.3　相似材料配制及模型制作

相似材料为砂子、石膏、石灰、锯木粉和水,按照确定配比来模拟岩层,煤层底板厚度为 40 m,煤层上覆岩层厚度为 200 m,为模拟充分采动,推进距离为 400 m。因此,模型采用 2.5 m×0.2 m 的平面物理模拟试验架,得到模型尺寸为 250 cm×20 cm×125 cm（长×宽×高）,如图 2-5 所示。

图 2-5　物理模型

　　充填材料的相似模拟是此次模拟试验的基础,以28天强度为标准,将砂子、石膏、石灰和水按照设定的配比配制充填材料。

　　模型中的主要监测仪器为压力传感器、位移计、程控电阻应变仪、计算机和数码相机。压力传感器布置在底板,用来记录开采过程中工作支承应力的变化情况;位移计用来监测顶板和覆岩的移动和变形;程控静态电阻应变仪用来转化压力传感器测得的压力和位移计记录的变形值;数码相机用来拍摄模型开采过程中,覆岩移动和局部岩层的变形破坏特征。在模型拆模和风干后,即对模型布置测点如图2-6所示,以监测模型开采过程中上覆岩层移动变形情况。

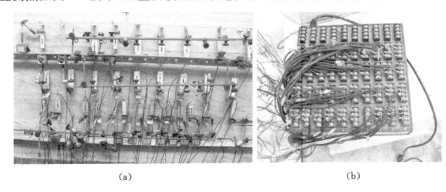

(a)   (b)

图 2-6   测点布置图与监测仪器
(a) 测点布置图;(b) 监测仪器

2.2.4　开采方式

　　模型是采用相同的材料和相同的配比铺设完成的,所以认为4个工作面的地质条件完全相同。试验过程中,一个模型采用垮落法开采,其余均采用充填法开采,其充填率为95%、80%、70%。为了模拟充分采动,模型的有效试验开采长度为320 m。模拟开挖时,为消除模拟实验台的端部影响,模型两端留50 m煤柱。开切眼首先从90 m处开始,沿煤层底板开挖,采高均为3.0 m。垮落法开采模型,循环进尺为10 m。充填法开采模型,当循环进尺为2 m时,用配制好的膏体充填材料对采空区实施充填,以模拟充填开采;之后,循环进行。

2.2.5　模拟结果分析

1. 覆岩变形破坏特征

　　垮落法开采时,当工作面开始回采后,由于受到围岩的约束作用,工作面向前推进20 m时,煤层上方直接顶才出现弯曲变形,并与基本顶之间产生宽约2 mm

的缝隙,上覆岩层未发生变形。随着开采的进行,当工作面推进距离为30 m时,煤层上方2.7 m厚的直接顶初次垮落,垮落角为75°,垮落长度为21 m,此时,工作面压力明显增大。随着工作面的继续推进,上覆岩层出现弯曲、下沉和断裂,当工作面推进距离为60 m时,基本顶垮落,此时垮落高度为15 m,为采高的5倍。此后,随着工作面的不断推进,煤层上覆的直接顶周期断裂,步距为12 m,上部的基本顶也呈现周期性的稳定、断裂过程,同时,早期形成的冒落带被逐渐压实,主要表现为随着开采范围的扩大,冒落带断裂岩层间裂隙逐渐减小,如图2-7(a)所示。

充填法开采时,随着充填率的减小,覆岩的整体弯曲变形逐渐受到破坏,伴随着顶板断裂,甚至出现垮落现象。在整个模拟开采过程中,充填开采减小了覆岩的自由弯曲下沉的空间,充填体经过压实后具有承载能力,阻止了顶板的持续变形。当充填率较高(95%)时,顶板岩层的弯曲下沉空间小于其极限挠度,顶板不发生断裂,仅在煤层顶板岩层40 m范围内出现不贯通性裂隙,仍保持其完整性,如图2-7(b)所示;当充填率减小(80%)时,顶板岩层自由空间扩大,其实际弯曲下沉值大于其极限挠度,煤层顶板2.5 m范围内岩层发生离层,并出现贯通性断裂,这部分断裂覆岩位于充填体之上,仍然保持一定连续性,对基本顶板仍有支撑作用,阻止覆岩的下沉变形,此时,顶板岩层裂隙进一步发育,且影响范围达60 m,如图2-7(c)所示;若充填率进一步降低到70%,则使得煤层顶板9 m范围内的岩层发生断裂、垮落,上覆岩层的裂隙更发育、范围更广,影响范围达到120 m,如图2-7(d)所示。

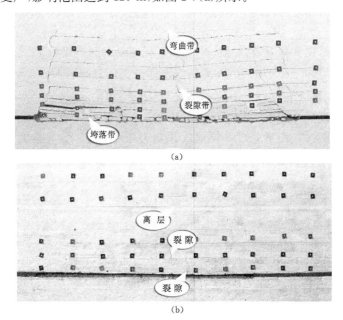

图 2-7　覆岩变形破坏特征

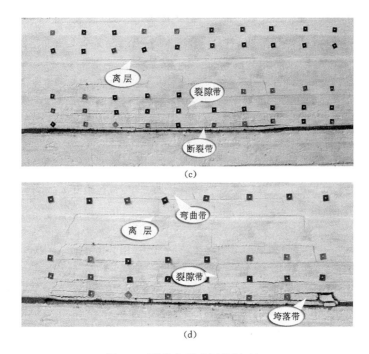

(c)

(d)

图 2-7　覆岩变形破坏特征(续)

(a)垮落法开采覆岩变形破坏特征;(b)充填率95％时覆岩变形破坏特征;
(c)充填率80％时覆岩变形破坏特征;(d)充填率70％时覆岩变形破坏特征

总之,充填开采覆岩破坏程度、范围与充填率有关。充填率较高时,上覆岩层呈整体弯曲变形,未发生明显破坏,岩层能够保持整体完整连续;充填率较低时,上覆岩层的破坏程度和范围将明显加剧,出现离层、断裂甚至垮落现象。

2. 覆岩移动特征

模拟过程中,在距离煤层不同高度顶板岩层中,布置了3条水平测线,利用位移计观测开采过程中上覆岩层移动、变形规律,如图2-4所示。取第5条垂直测线与水平测线的交点,即模型中央的3个测点位移进行研究。其中,由上向下依次为:1号测点距煤层顶板120 m,2号测点距煤层顶板40 m,3号测点距煤层顶板5 m。对不同开采方法的顶板岩层移动进行统计分析,绘出3个测点随工作面相对位置变化时覆岩移动、变形情况,如图2-8所示。

由图2-8(a)可知,垮落法开采时,工作面顶板垂直位移从工作面前方55 m处开始初动,从工作面前方30 m至工作面后方30 m,垂直位移急剧增加,1号测点位移由5 mm增加到1 691 mm,2号测点位移由6 mm增加到2 151 mm,3号测点位移则由11 mm增加到2 794 mm。随着工作面的推进,工作面后方

30～120 m,垂直位移逐渐增加,而且距离煤层越近增幅越大,120 m后位移增加幅度减缓并逐步趋于稳定,此时,3号测点下沉的最大值为2 876 mm,下沉系数为0.95。

由图2-8(b)可知,充填法开采时,工作面顶板垂直位移从工作面前方30 m处开始初动,从工作面前方30 m至工作面后方90 m,垂直位移逐渐增加,无明显突变。分析其原因是充填法开采时,前期的开采范围比较小,岩层破坏的时间短,破坏范围深度小,顶板岩层的结构没有发生根本破坏、断裂,仅发生微量的挠曲变形,使得上覆岩层能够保持其整体弯曲下沉变形,随着工作面推进的继续进行,顶板岩梁的弯曲变形逐步发展到极限挠度,后期由于充填体的支撑作用,顶板岩层的下沉得到有效控制,逐渐减小并趋于某一稳定值。90 m后位移增加幅度减缓并逐步趋于稳定,此时,3号测点的最大下沉值仅为214 mm,下沉系数为0.07,而且各范围内的垂直位移终值与垮落法开采相比均明显减小。

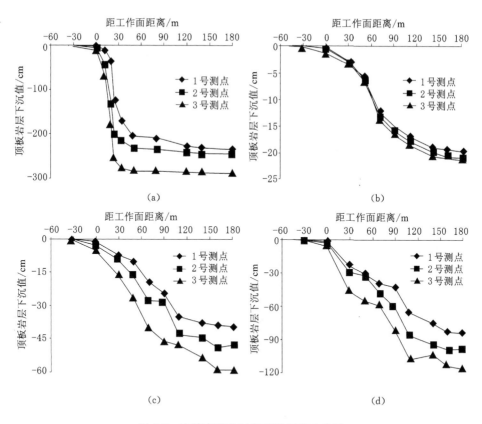

图 2-8   充填率变化时顶板岩层移动曲线

(a) 垮落法开采;(b) 充填率为95%;(c) 充填率为80%;(d) 充填率为70%

由图 2-8(b)、(c)、(d)可知,随充填率的不同,不同高度的顶板岩层下沉值存在差异。当充填率为 95% 时,位于覆岩中不同高度 3 个测点产生的垂直位移几乎相等,分别为 198 mm、204 mm、214 mm,这说明覆岩未发生破断显现,发生整体一致性变形、破坏。随着充填率的降低,覆岩移动变形的一致性遭到破坏,表现为垂直位移相差较大。当充填率为 80% 时,覆岩中不同高度 3 个测点的垂直位移分别为 395 mm、481 mm、598 mm;当充填率为 70% 时,覆岩不同高度 3 个测点的垂直位移分别为 836 mm、981 mm、1 160 mm。

总之,充填开采顶板岩层的垂直位移随充填率的减小而增大,与充填率为 95% 时相比,当充填率为 70% 时,覆岩中相同高度的 3 个测点的垂直位移分别增加 638 mm、777 mm 和 946 mm,增加的位移约分别是原位移的 3.2 倍、3.8 倍和 4.4 倍,而且不同高度岩层的位移相差甚大,说明覆岩发生了断裂、垮落,破坏了其整体一致性。因此,提高充填率可控制下位顶板岩层的移动变形,防止覆岩发生断裂、垮落破坏。

综上可知,充填开采时充填体对采空区进行了及时填补,减小了顶板岩层的自由活动空间,再加上充填体对顶板的支撑作用,降低了直接顶及下位基本顶的破坏程度和范围,覆岩移动变形得到了有效控制。因此,控制下位顶板岩层的移动变形是充填开采岩层控制的关键,提高充填率是膏体充填技术研究的努力方向,也是控制地表变形的前提。

3. 支承压力分布特征

在模型底板距离煤层 4 m 处水平布置 17 个压力盒(见图 2-4),以观测开采过程中支承压力的变化情况。无论是采用垮落法还是充填法开采工作面支承压力具有共同的特征,即工作面前方一定范围内出现支承压力增大,而工作面后方一定范围内出现支承压力减小,但最终均恢复到原岩应力。工作面推进 100 m时,支承压力分布曲线如图 2-9 所示。

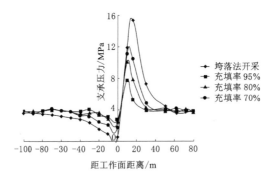

图 2-9 支承压力分布曲线

由图 2-9 可知:垮落法开采支承压力峰值和影响范围均明显高于充填法开采的对应值。与垮落法相比,当充填率为 95% 时,其支承压力峰值降低了 10 MPa,应力集中系数为 1.3,而垮落法开采时应力集中系数则为 3.8,说明充填体承担了上覆岩层的部分载荷。随着充填率的减小,支承压力峰值逐渐增大,当充填率由 95% 降到 70% 时,支承压力峰值则由 7.6 MPa 增大到 11.2 MPa,增加了约 47%。同时,垮落法开采支承压力影响范围波及工作面前方约 50 m,充填法开采时仅为 10 m 左右。

工作面后方,充填法开采和垮落法开采支承压力均降低。垮落法开采时,工作面后方一定范围内的支承压力值降低到零,然后随着工作面的推进,覆岩冒落高度地增大,支承压力逐渐增大到原岩应力;充填法开采时,工作面后方的支承压力降低程度较小,并很快恢复到原岩应力。主要原因是:一方面,充填开采时顶板未发生大范围破坏,岩层变形量小,很快恢复了其承载能力;另一方面,充填开采时引起的集中应力一部分被充填体的压缩变形所吸收,另一部分通过充填体被转移到底板围岩深处,无明显矿压显现,这一点在实践中已得到证明。

2.3　覆岩变形破坏的数值模拟研究

前文物理模拟结果表明:充填开采可有效控制上覆岩层的移动变形,保证其整体连续性,充填率对控制覆岩移动变形以及工作面矿压显现程度起到至关重要的作用。但覆岩破坏高度只能根据宏观裂缝进行判断,无法进行定量分析。

为了研究煤层开采上覆岩层的破坏过程及范围,国内外学者做了很多工作,形成了许多研究方法,数值模拟就是其中常用的方法之一。其判断覆岩破坏范围的主要判据有:塑性区和应力。近年发展起来的快速拉格朗日分析(FLAC)法已被程序化、实用化,其基本原理类同于离散单元法,并被广泛应用。如孙亚军等利用 FLAC 判断小浪底水库下采煤导水裂隙带高度和应力变化;刘增辉、刘伟韬等均利用 FLAC 进行了覆岩破坏范围的仿真模拟,并取得了较为满意的结果。

一般来说,裂隙带岩层虽然处于塑性破坏状态,裂隙发育,但基本上保持原有的连续性,裂隙带的上方直至上边界,普遍分布着双向压应力区,岩土层基本未遭破坏。而在充填区边缘,由于煤体的存在,覆岩处于拉压应力区,裂缝得到充分发育,裂缝带常在此发展最高。因此,在数值模拟中,通常以塑性破坏区范围作为最大裂隙带高度的主要判断依据,本节采用 FLAC 计算程序,通过与垮落法对比分析,研究膏体充填开采覆岩破坏范围和工作面应力变化特征,以便于类似条件下覆岩破坏高度的预测。

2.3.1 工程背景与模型的建立

山东太平煤矿,主采 3# 煤层,厚度为 9 m 左右,埋深为 200 m 左右,为近水平煤层,平均倾角为 3°,基岩较薄厚度为 5.4~50 m,基岩上方即是第四系强含水层,如果采用传统的条带开采,采出率不足 10%,为了提高开采上限和煤炭采出率,确定在八采区进行膏体充填开采试验研究。

模型构建的几何尺寸和网格初始化主要考虑了研究区域的实际采矿地质条件,模型中岩层的力学参数如表 2-1 所列,根据充填工作面的实际开采情况,确定模型的最大开采范围为 160 m,为消除边界影响,两边各留 120 m。因此,模型尺寸为 400 cm×250 cm(长×高),模拟煤层采高为 3 m。

2.3.2 模型的开采

采用分步开挖模拟实际开采过程,分步推进 10 m,模型分 16 步进行,共推进 160 m,充填开采时采用 fish 循环语句,来模拟全部充填。本节模拟主要研究上覆岩层随工作面推进的破坏过程,并通过数值模拟覆岩破坏形式来判断发育高度。

模拟结果显示,覆岩结构受采动影响时塑性区的变化,直观地反映了垮落法开采和充填法开采后上覆岩层的扰动、破坏范围。

垮落法开采时,覆岩出现了拉应力破坏区即为垮落带,而且随着工作面的推进,上覆岩层的破坏区范围逐渐扩大。当工作面推进 30 m 时,垮落带高度为 6 m,塑性破坏区高度为 35 m;当工作面继续推进至 60 m 时,覆岩破坏范围达到最大,拉破坏区高度达 14 m,塑性区最大高度值则达到了 92 m。

充填法开采时,覆岩只出现塑性变形破坏,而且随着开采范围的扩大,上覆岩层破坏范围无明显变化。当工作面推进 30 m 时,覆岩塑性区最大高度仅为 1 m;当工作面继续推进至 50 m 时,塑性变形范围达到最大,高度为 3 m。

同时,工作面回采过程中,充填开采和垮落开采工作面支承压力分布如图 2-10 所示。模拟结果显示,工作面正上方应力偏小,在工作面煤壁附近处最大。通过与垮落法对比分析可知,充填法开采时,工作面后方一定范围内岩层中的应力较大,工作面前方岩层中的应力值及其影响范围均较小。普遍规律表现为工作面前方岩体中的应力值大于工作面后方岩体中的应力值,充填开采时工作面支承压力值以及采动影响范围均较小。

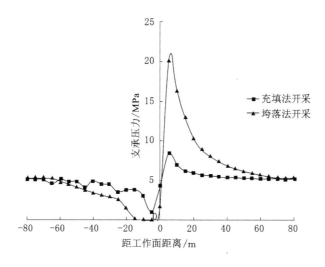

图 2-10　工作面应力分布图

2.4　充填开采覆岩破坏实测研究

2.4.1　覆岩破坏的理论计算

对具体覆岩和煤层条件来说,采高则是覆岩变形破坏情况的主要影响因素,并且裂隙带高度与采高近似直线关系。膏体充填开采与传统的开采方法相比,由于采空区被充填材料及时充填,充填体受到覆岩的压力,经过压缩过程并产生了压缩下沉量,给覆岩的变形破坏提供了条件。下面结合太平矿覆岩结构特点和现场实测结果,分析膏体充填综采工作面覆岩破坏特点。

垮落法开采时,裂隙带高度 H_d 计算公式如下:

$$H_d = \frac{100M}{1.2M + 3.6} \pm 5.6 \qquad (2\text{-}1)$$

式中　M——采高,膏体充填开采时计算采厚,m。

对充填前顶板下沉量和充填欠接顶量现场观测结果如图 2-11 所示。

由图 2-11 可知:充填前顶板下沉量为 183 mm;充填欠接顶量最大为 300 mm,最小为 40 mm,其平均值为 105 mm,上述两者之和为 288 mm,也即计算采厚为 0.288 m,代入式(2-1)中可得太平矿膏体充填综采工作面覆岩裂隙带高度 H_d 为 1.7~12.9 m。传统法开采时,实际采高为 2.8 m,代入式(2-1)则可得裂隙带高度为 34.6~45.8 m。

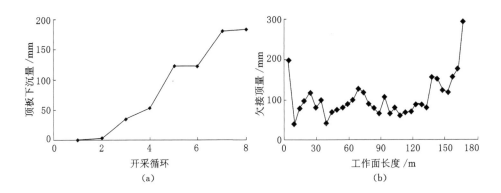

图 2-11　充填前顶板下沉量和充填欠接顶量统计结果

（a）充填前顶板下沉量统计结果；（b）充填欠接顶量统计结果

2.4.2　覆岩破坏的现场实测

为了进一步掌握充填开采覆岩破坏范围与破坏程度，太平煤矿实施了"膏体充填导冒高度的探测研究"。利用仰孔分段注水观测方法对 8311 膏体充填综采工作面覆岩破坏高度进行探测，钻孔设计参数如表 2-2 所列。

表 2-2　　　　　　　　　　　观测钻孔参数表

孔号	孔径/mm	方位角/(°)	仰角/(°)	孔深/m	备注
A-1	89	128	6	67.5	塌孔未完成测量
A-2	89	112	8	60	
A-3	89	97	8	60	
A-4	89	128	6	68.5	
A-5	89	120	6	70	回钻时塌孔
A-6	89	105	8	45.1	

钻窝距离煤层终采线 26 m 处，在钻窝内，按照不同的倾角、方位角分别施工不同深度的钻孔 6 个，其中，2 个钻孔因塌孔未能完成测量外，其余 4 个均完成了测量，观测钻孔平面布置如图 2-12 所示。

按照设定的压力对钻孔进行分段注水，根据其水的漏失量进一步分析其裂隙发育情况。结果表明：太平煤矿膏体充填工作面覆岩未出现垮落带，裂隙带高度为 2～4 m，可见，数值计算、理论计算结果与现场实测结果基本一致。

因此，煤矿膏体充填开采不仅可以阻止顶板岩层的垮落，而且还能大幅度降低裂隙带高度,能够有效防止水、砂石通过裂隙带渗入到工作面或采空区,为矿井提高开采上限和保水开采提供技术保障。

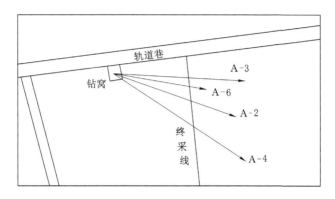

图 2-12 观测钻孔平面布置图

2.5 充填开采覆岩变形破坏规律

2.5.1 覆岩变形破坏过程分析

通过对充填开采覆岩移动的研究可知,充填开采时覆岩变形以弯曲下沉为主,出现小范围裂隙带,无垮落带。因此,充填开采覆岩运动过程如图 2-13 所示。

由图 2-13 可知,充填开采控制覆岩变形的关键是控制下位顶板岩层的移动变形。在膏体充填时,顶板岩层由于受充填体的支撑作用,得以保持整体连续性,不会发生断裂垮落,可采用弹性地基岩梁理论进行分析。

若采空区内有效的位移空间小于顶板岩层的极限挠度,则煤层顶板不会发生结构上的破坏,自身仅发生弯曲变形,依靠自身的承载能力以及充填体的支撑作用控制上覆岩层的移动。当充填效果和充填材料力学性能满足要求时,上覆岩层的移动变形符合这一规律。

当然,若充填前未能对顶板进行及时有效的支撑管理或充填过程中未能保证充填质量,使得充填前顶板下沉量和欠接顶量过大,最终会导致下位顶板破断而出现垮落带,从而影响充填开采地表沉陷的控制效果,此时应该利用冒落区充填的相关理论进行研究。

若后期由于充填体压缩量过大顶板岩层会发生变形、破坏,可利用老采空区活化方面的知识进行分析,在分析老采空区残余沉降问题时,马占国利用砌体梁理论来分析老采空区冒落带上方岩层的残余沉降问题。

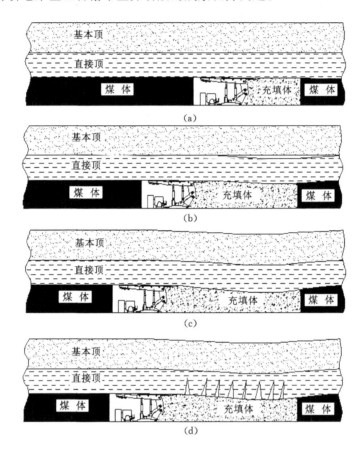

图 2-13　覆岩顶板变形破坏特征示意图

(a) 膏体充填开采；(b) 直接顶弯曲变形；

(c) 基本顶弯曲变形；(d) 下位直接顶板断裂

正常的煤矿膏体充填采煤时，随着工作面的推进，当达到充填步距时，即刻对采空区空间进行膏体充填，充填前顶板不垮落，顶板下沉变形只发生在工作面前方和控顶区，采空区由于充填体的支撑作用顶板下沉得到控制，阻止其进一步变形，则基本顶板只发生挠曲变形而不发生破断现象，这是本书研究的重点。

2.5.2　充填体作用机理

充填开采时，充填体通过对松动岩块的滑移施加侧压，支撑破碎围岩，限制采空区围岩位移等多种方式来阻止和限制围岩发生移动和变形，降低了围岩体发生变形的幅度。随着开采活动的进行,充填体尺寸逐渐增大,采场围岩及充填体自身移动变形逐渐累积到一定程度时,岩体变形、破坏的宏观现象才会在采场和地表呈现出来。对于全部充填开采时,充填体的支护作用过程分析如下:

首先,充填材料作为煤矿开采的地质填补物,及时对采空区进行了充填,维护了采场围岩的自身强度和支护结构的承载能力,防止采场覆岩或巷道的整体失稳或局部垮落以及直接顶板岩层冒落。

其次,随着工作面推进,逐渐形成了充填体、煤体、围岩共同作用的支撑体系,使得上覆岩层在该支撑体系的作用下发生变形,不出现顶板岩层的断裂失稳和垮落现象。

最后,由于充填体、煤体和围岩形成支撑体系的支护作用给围岩以位移约束,改变了采场覆岩和两帮以及支撑体系的应力状态,使其由两向变成了三向应力状态,减小了围岩中的应力差,最终依靠充填支撑体系的密实程度来阻止上覆岩层下沉。

充填开采时,应力状态得到调整,围岩应力增加,产生变形,挤压充填体,充填体产生反作用力给围岩,改善了围岩的应力状态,阻止了围岩应力差的增高,相对提高了开采条件下围岩自身的强度和承载能力,使得移动受到了限制,变形得到了缓减,同时,覆岩移动产生的应力集中显现通过充填体支撑体系转移到了煤层底板深处。因此,有效地防止了覆岩的整体失稳,使得工作面无明显矿压显现。

2.6 本章小结

(1)本章对充填开采的方法进行了总结概括,简要阐明了各种充填方式对充填材料的要求以及充填后所形成的围岩支撑体系,并分别阐述了工艺过程并分析了它们的优缺点。

(2)以山东太平矿为原型,采用物理模拟、数值模拟的方法,研究了全部充填开采时顶板岩层的移动、支承压力分布特征,结果表明,充填开采时覆岩变形以弯曲下沉为主,出现小范围裂隙带,无垮落带;工作面支承压力峰值以及采动影响范围均较小。

(3)引入计算采厚的概念,对充填开采覆岩破坏进行了理论计算研究,并进行了现场实测,结果表明,充填开采顶板裂隙破坏范围可按传统计算法进行预测研究,明确了充填开采控制地表沉陷的关键是控制直接顶及下位基本顶的移动变形,分析了充填体的支护作用机理。

3 膏体充填控制覆岩变形机理研究

研究膏体充填地表变形情况,必须分析充填体与覆岩的受力状态与变形、充填开采后关键层随时间的动态变化过程,并确定顶板岩层的弯曲下沉量。我国学者刘宝琛利用流变介质模型分析了充填开采时的矿压问题;史元伟利用弹性地基梁理论对充填开采进行了相关研究,取得了一系列有益的成果。存在的问题是:忽略了控顶区与充填区地基系数的不同,而控顶区充填支架的支撑阻力与刚度是保证充填效果的关键因素之一。为此,本章建立由膏体充填体、支架和煤体形成的耦合支撑体系的力学模型,研究充填开采覆岩移动变形机理。

3.1 煤矿开采覆岩破坏的基本规律

3.1.1 覆岩破坏的基本过程

岩体在被采动之前,在地层中受到各个方向力的约束,处于原岩应力的自然平衡状态,即主应力近似相等,并且均是压应力。在较大埋藏深度处岩体内任意取一单元立方体岩块,此时岩块处于三向受力状态,如图 3-1 所示。由上覆岩层重量形成的垂直应力 σ_z 导致岩块发生三个方向的移动和变形,即垂直方向的压缩和侧向的膨胀,但由于受到相邻岩体的限制,其变形只能是零,则形成了岩块的侧向应力 σ_x、σ_y。因此存在

$$\sigma_z = \gamma H \tag{3-1}$$

$$\sigma_x = \sigma_y = \frac{\mu}{1-\mu}\sigma_z = \frac{\mu}{1-\mu}\gamma H \tag{3-2}$$

式中 γ——上覆岩层平均容重;

   H——上覆岩层厚度;

   μ——泊松比。

对于大多数岩石来说,μ 值通常在 0.2~0.3 之间,即岩体内应力状态中由于自重产生的水平应力为垂直应力的 25%~43%,并且均是压应力。假设岩块处于塑性状态,则有 $\sigma_x = \sigma_y = \sigma_z = \gamma H$,通常,地下岩体处于弹-塑性状态。

由于上覆岩层重力的作用或由地质构造形成的构造应力造成岩石体积与形

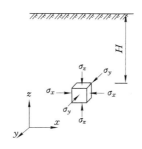

图 3-1 岩体内力状态

状的变化。岩石体积压缩而聚集的弹性能 U_V 为

$$U_V = \frac{(1-2\mu)(1+\mu)^2 \gamma^2 H^2}{6E(1-\mu)^2} \tag{3-3}$$

式中,E 为弹性模量。由式(3-3)可以看出,随着开采深度 H 的增加,处于弹性状态的岩层所聚集的弹性能将随 H 成平方关系增加。这种弹性能在一定条件下释放出来,则会造成岩体的移动和变形。

由于地下采煤作业的不断进行,在岩体内部形成一个空洞,即采空区。煤层上覆岩层内部原有的应力平衡状态受到破坏,岩层内部的应力将重新分布以达到新的平衡。为了达到新的应力平衡,采场上覆岩层自采空区向上将发生一系列变形与破坏。这时,采空区四壁产生减压区,采空区内部压应力消失,煤层聚集的弹性能将被释放出来,使煤体被压碎并向采空区突出;同时,采空区顶、底板也产生减压区,压应力为拉应力所代替,从而引起周围岩石的破坏,造成采空区附近岩层移动和变形。采空区上部顶板岩层在自重及其上覆岩层重力作用下,发生向下弯曲,当岩体内部拉应力超过岩石强度极限时,顶板岩层发生断裂、破碎和垮落。采空区底板岩层由于应力松弛而出现隆起。在岩石破碎而垮落的冒落带上面,坚硬岩层(基本顶)通常以岩梁或悬臂梁的形式沿层面法线方向和层面方向移动。这是一个十分复杂的物理、力学变化过程,也是岩层产生移动和破坏的过程,这一过程和现象称为岩层移动。在整个岩层移动与变形过程中,存在着岩石垮落、突出、片帮、底鼓、断裂、离层、裂隙、滑移、弯曲等破坏形式。随着采煤工作面的不断推进,采空区面积的不断扩大,在充分采动后,上覆岩层最终将形成"横三区、竖三带",即沿工作面推进方向上覆岩层将分别经历煤壁支撑影响区、离层区、重新压实区,由下往上岩层移动分为冒落带、裂隙带、弯曲下沉带。采场上覆岩层移动变形破坏的结果在地表表现为地表大范围的下沉,即地表沉陷,形成一个比采空区面积大得多的下沉盆地,并导致地表的建筑物、水体、耕地、铁路、桥梁破坏等诸多灾害性后果。这种因地下采矿引起岩层移动和地表沉陷的现象和过程,称为开采沉陷。

图 3-2 展示了煤矿开采地表下沉盆地逐渐连续的形成过程。煤矿开采是单向推进,当工作面推进到位置 1 时,达到启动距[一般为(0.25~0.5)H,H 为采深],将形成一个较小的地表下沉盆地 W_1,工作面继续推进到位置 2 时,在地表下沉盆地 W_1 的范围内,地表继续下沉,同时在工作面前方原来尚未移动地区的地表点,开始向采空区移动,从而使地表下沉盆地 W_1 扩大而形成地表下沉盆地 W_2。随着工作面的继续推进,将相继形成 W_3、W_4。工作面回采结束后,地表移动不会立刻停止,还要持续一段时间,在这段时间内,地表下沉盆地的边界还将继续向工作面推进方向扩展,最后停留在终采线一侧逐渐形成最终的地表移动盆地 W_{04}。

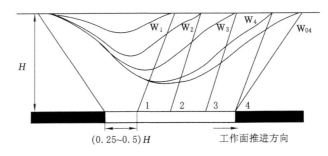

图 3-2　煤矿开采地表下沉盆地的形成过程

3.1.2　覆岩变形破坏的根源

煤矿开采地表沉陷是由于煤层开采形成的空洞对岩层原有平衡状态的破坏,造成空洞周围岩(煤)体临空而发生在垂直方向和水平方向上的缓慢或突发性变形、破坏和运动的结果。地表沉陷和矿山压力显现的根源是开采形成的空洞,即采空区。因此,广大学者从根源出发,寻求有效解决覆岩变形和地表沉陷问题的开采方法。

3.2　膏体充填开采控制覆岩变形的力学原理

充填开采岩层控制的原理是通过对采空区充满充填浆体来实现采空区顶板悬露岩梁的"永久"平衡。理论上,目前只有离层区注浆和膏体充填开采技术能满足上述要求。研究结果表明,离层注浆仅是充填离层的空间,而对产生地表沉陷的根源——采空区并未进行充填,故其难以达到控制地表沉陷的要求。

膏体充填过程是一个先将采煤工作面向前推进一个充填步距,然后把矸石、粉煤灰、专用胶结料和水等四种物料按比例混合搅拌制成膏体浆液,通过充填泵把膏体浆液输送到井下充填工作面,充填是由液压充填支架和辅助隔离措施形成的封闭采空区空间的过程。

现场研究结果表明:随着充填开采范围的增大,基本顶的悬露跨度越来越大,逐渐形成由充填体、煤体和支架共同作用的支撑体系。把整个上覆岩层看成是一个半无限承载梁,可把煤层和充填体看成弹性基础。这样,支撑压力和煤层、充填体的下沉量都可采用半无限弹性基础梁理论来研究。

3.2.1 工作面初采充填前岩层控制力学模型

膏体充填前,当工作面推进距离小于顶板岩体的极限跨度时,顶板岩体不垮落,可将基本顶视为一端由工作面煤壁支撑,另一端由工作面后方煤壁支撑的两端固支梁,上覆岩层重量将通过基本顶"梁"传递至两端的支撑点上,即工作面煤壁和切眼煤壁上。此时的岩层控制可看成中间悬空两边位于弹性基础上梁的弯曲问题。以左侧煤壁为原点建立岩梁力学模型,如图3-3所示。

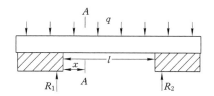

图 3-3　充填前岩梁力学模型

3.2.1.1 顶板岩梁的载荷分析

采空区顶板当作梁来研究已经取得较多的研究成果。按岩梁的假设在长跨比较大的情况下,取变形较大的、工作面走向中间部位的顶板按照平面问题进行分析,以直接顶、基本顶的高度来确定岩梁的厚度。

一般煤层上方的岩层是由多层岩层组成,因此每层岩梁的极限步距所应考虑的载荷,要根据各层之间的相互影响的情况来确定。假设煤层上覆有 n 层岩层能同步变形,鉴于层状岩体中层面上的抗剪较弱,则由梁理论可知,组合岩梁的每一截面上的剪力 Q 和弯矩 M 存在如下关系

$$M = M_1 + M_2 + \cdots + M_n \,;\, Q = Q_1 + Q_2 + \cdots + Q_n$$

又

$$k_n = \frac{1}{\rho_n} = \frac{M_n}{E_n I_n} \tag{3-4}$$

则有

$$\frac{M_1}{M_2} = \frac{E_1 I_1}{E_2 I_2}, \frac{M_1}{M_3} = \frac{E_1 I_1}{E_3 I_3}, \cdots, \frac{M_1}{M_n} = \frac{E_1 I_1}{E_n I_n} \tag{3-5}$$

其中

$$I_1 = \frac{bh_1^3}{12}, I_2 = \frac{bh_2^3}{12}, \cdots, I_n = \frac{bh_n^3}{12}$$

式中 M——组合岩梁的弯矩，kN·m；

Q——组合岩梁的剪力，kN；

M_n——n 层岩梁的弯矩，kN·m；

Q_n——n 层岩梁的剪力，kN；

E_n——n 层岩梁的弹性模量，MPa；

I_n——n 层岩梁的惯性矩，m^4；

ρ_n——n 层岩梁的曲率半径，m；

k_n——n 层岩梁的曲率，m^{-1}。

而组合岩梁弯矩 M_x 为

$$M_x = (M_1)_x + (M_2)_x + \cdots + (M_n)_x \tag{3-6}$$

对第一层岩梁来说，将式(3-5)代入式(3-6)得到

$$M_x = (M_1)_x \left(\frac{E_1 I_1 + E_2 I_2 + \cdots + E_n I_n}{E_1 I_1} \right); (M_1)_x = \frac{E_1 I_1 M_x}{E_1 I_1 + E_2 I_2 + \cdots + E_n I_n}$$

由于 $\dfrac{\mathrm{d}^2 M_x}{\mathrm{d}x^2} = q$，可得

$$(q_1)_x = \frac{E_1 I_1 q_x}{E_1 I_1 + E_2 I_2 + \cdots + E_n I_n}$$

即可用式(3-7)来计算 n 层岩梁对第一层岩梁影响所产生的载荷 q_n，即

$$q_n = \frac{E_1 h_1^3 (\gamma_1 h_1 + \gamma_2 h_2 + \cdots + \gamma_n h_n)}{E_1 h_1^3 + E_2 h_2^3 + \cdots + E_n h_n^3} \tag{3-7}$$

式中 q_x——第一层关键岩梁上覆 x 层岩层产生的载荷，kN；

$E_1, E_2, \cdots, E_n$——各层岩梁的弹性模量，n 为岩梁层数；

$h_1, h_2, \cdots, h_n$——各层岩梁的厚度，m；

$\gamma_1, \gamma_2, \cdots, \gamma_n$——各层岩梁的容重，N/m^3；

M_x——第 x 层的弯矩，kN·m；

$(M_1)_x, (M_2)_x, \cdots, (M_n)_x$——第 n 层对第 x 层影响时形成的弯矩，kN·m。

当计算到 $q_{n+1} < q_n$ 时，则 q_n 为作用在第一层岩梁上的载荷，即是充填开采时，充填前顶板岩梁的极限应力值。若出现一直是 $q_{n+1} > q_n$ 的情况，则说明充填开采时岩梁上所受载荷为上覆岩层的应力之和，是载荷最大、破坏最严重的极限情况，此时载荷 $q_n = \gamma_1 h_1 + \gamma_2 h_2 + \cdots + \gamma_n h_n$。

3.2.1.2 顶板岩梁受力分析

由于煤矿开采范围不同,岩梁可以看成固支和简支梁两种情况,这样在膏体充填开采初期,充填区周围都是煤柱,不能达到充分采动,岩梁应该为固支岩梁。随着开采的进行,充填范围的扩大,最终将达到充分采动,此时的岩梁认为是简支岩梁。本书利用图 3-3 模型,分析岩梁受力。

若上覆岩梁所承受的载荷为 q,两边煤体的支反力分别为 R_1、R_2。由对称性可知:梁两端的支反力 $R_1 = R_2$,梁的两个固支端的弯矩 $M_1 = M_2$。

又由 $\sum F_y = 0$,则 $R_1 = R_2 = \dfrac{ql}{2}$。

岩梁内的任意截面 $A—A$ 剪力的计算式为

$$Q_x = R_1 - qx = \frac{ql}{2}\left(1 - \frac{2x}{l}\right) \tag{3-8}$$

最大剪切力发生在固支梁的两端 R_1 和 R_2 处,其值为

$$Q_x = R_1 = R_2 = \frac{ql}{2} \tag{3-9}$$

可解得 $M_1 = -\dfrac{1}{12}ql^2$ 代入式(3-6),整理可得

$$M_x = \frac{q}{12}(6lx - 6x^2 - l^2) \tag{3-10}$$

由式(3-10)得出,固支梁的两端弯矩最大,$M_{\max} = -\dfrac{1}{12}ql^2$。

又由材料力学可知,梁内任意点的正应力 σ 可以由下式计算

$$\sigma = \frac{My}{I} \tag{3-11}$$

式中　M——该点所在断面的弯矩;

　　　y——该点距离断面中性轴的距离;

　　　I——对中性轴的断面矩。

若梁的宽度为 b,此处取梁为单位宽度,直接顶(基本顶)单层厚度为 h,如图 3-4 所示,则梁的断面矩为:$I = \dfrac{bh^3}{12} = \dfrac{h^3}{12}$。

在一般情况下,弯矩形成的极限步距要比剪切应力形成的极限步距小,故此时按弯矩来计算极限步距。对于固支梁来说,最大弯矩发生点的拉应力 $\sigma_{\max}$ 也最大,当达到极限拉应力 R_T 时,则梁发生断裂。假设顶梁断裂时的极限步距 L。岩层趋向断裂的安全系数为 n(通常取 $n = 6$),若梁断裂时的极限安全步距为 L_s。故固支岩梁顶板的极限步距 L 和极限安全步距 L_s 分别表示为

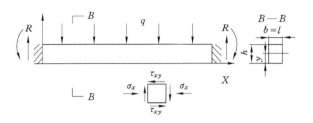

图 3-4　梁上任意点的应力分析

$$L = h \sqrt{\frac{2R_{\mathrm{T}}}{q}} \tag{3-12}$$

$$L_s = h \sqrt{\frac{2R_{\mathrm{T}}}{qn}} \tag{3-13}$$

上述计算是按照固支梁的结果,事实上在现实条件下,两端支撑的条件也有不同。当隔离煤柱上方顶板处于自由状态时,更接近简支岩梁,甚至有些国家把浅部的矿井岩层顶板看成是简支岩梁(由于两端煤体上集中压力较小)。而深部矿井则认为是固支岩梁。

简支岩梁的最大弯矩发生在中间(如图 3-3 所示)。且有

$$M_{\max} = \frac{1}{8} q l^2 \tag{3-14}$$

故简支岩梁的极限步距 L 和极限安全步距 L_s 分别为

$$L = 2h \sqrt{\frac{R_{\mathrm{T}}}{3q}} \tag{3-15}$$

$$L_s = 2h \sqrt{\frac{R_{\mathrm{T}}}{3qn}} \tag{3-16}$$

根据岩层的力学特性,即可求得顶板岩层极限步距和极限安全步距,即为充填开采时的极限充填步距和安全充填步距。

上述式(3-13)和式(3-16)是在未考虑充填区支护和工作面支护条件下得出的,而实际充填开采时,充填区和工作面均有一定的支护条件,因此由上述两式计算出来的结果更为安全、可靠。分析可知,充填开采时的充填步距与顶板岩层的厚度基本成正比,并随着岩层强度以及直接顶厚度的增大而增大。

3.2.1.3　顶板岩梁的挠度计算

由前面分析可知,充填前岩层控制可看成两端作用在煤体上的弹性基础弯曲梁,如图 3-5 所示。

其岩梁挠曲线的微分方程是

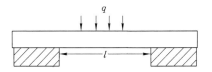

图 3-5　充填前顶板岩梁弯曲力学模型

$$EI \frac{\mathrm{d}^4 y}{\mathrm{d}x^4} = q \qquad (3-17)$$

式中　E——岩梁的弹性模量；

　　　I——岩梁的惯性矩；

　　　y——梁的挠度；

　　　q——作用在梁上的载荷。

固支岩梁时，边界条件为

$$\left.\frac{\mathrm{d}y}{\mathrm{d}x}\right|_{\substack{x=0 \\ x=l}} = 0 \ , \ y \left|_{\substack{x=0 \\ x=l}} = 0 \right. \qquad (3-18)$$

求得

$$y = \frac{qx^2}{24EI}(l^2 - 2lx + x^2) \qquad (3-19)$$

此时，最大挠度发生在 $\theta = 0$ 处，即

$$2l^2 x - 6lx^2 + 4x^3 = 0 \qquad (3-20)$$

利用最大挠度处的切线与岩梁变形前的轴线平行，可确定固支岩梁发生最大挠度的位置。

简支岩梁时，边界条件为

$$\left.\frac{\mathrm{d}^2 y}{\mathrm{d}x^2}\right|_{\substack{x=0 \\ x=l}} = 0 , y \left|_{\substack{x=0 \\ x=l}} = 0 \right. \qquad (3-21)$$

求得

$$y = \frac{qx}{24EI}(l^3 - 2lx^2 + x^3) \qquad (3-22)$$

同理，可解得简支岩梁发生最大挠度的位置。

无论是简支岩梁还是固支岩梁，只要挠曲线上无拐点，无论岩梁受到什么载荷，都可以近似地用梁跨中点的挠度值来代替最大挠度值，其精度是工程计算所允许的，因此上述岩梁的挠度最大值可认为发生在中点处。

固支岩梁时

$$W_{\max} = \frac{ql^4}{384EI} \qquad (3-23)$$

简支岩梁时

$$W_{\max} = \frac{5ql^4}{384EI} \tag{3-24}$$

由式(3-23)和式(3-24)可知,简支和固支情况下,岩梁的最大挠度相差5倍。研究表明,随着采深的增大,支承压力亦随之增大。对深部矿井来说,顶板岩梁按照固支梁来计算;对浅部矿井来说,则按照简支梁来计算。因此单纯从顶板覆岩的控制角度来说,煤矿膏体充填开采时,采深越大,越是利于充填地表沉陷的控制,但是随着采深的加大,对充填工艺环节的要求会更高。

3.2.2　充填开采过程中组合顶板岩梁力学模型

根据第2章的研究结果:充填开采时顶板只出现弯曲带和裂隙带,基本顶不发生贯穿性断裂,具有较好的连续性,充填开采控制覆岩变形的关键是控制直接顶及下位基本顶岩层的变形,提出充填开采组合顶板岩梁力学模型如图3-6所示。并符合以下假设:

（1）组合岩梁之间的作用可以认为是直接作用在坚硬的顶板岩梁上,或通过岩梁的地基反力作用于岩梁上,各层间的作用力随着弹性基础的压缩程度和层间的接触状态来决定。

（2）组合岩梁中的软弱岩层以载荷的形式直接作用在坚硬岩层上,同时也是上组岩梁的弹性基础。

（3）煤层和组合顶板岩梁的倾角均为零,且开采工作面为直线型长壁工作面,充填工作紧跟控顶区进行,充填材料在暴露后能够及时有效地充满采空区。

（4）充填体、煤体、支架与顶底组合板均作为弹性基础,并且符合 Winkler 弹性地基假设。

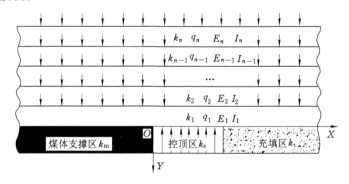

图 3-6　充填开采上覆岩层组合岩梁力学模型

$$\begin{cases} E_1 I_1 \dfrac{\mathrm{d}^4 y_1}{\mathrm{d}x^4} = k_1 (y_2 - y_1) - k_{\mathrm{m}} y_1 + q_1 \\[2mm] E_2 I_2 \dfrac{\mathrm{d}^4 y_2}{\mathrm{d}x^4} = k_2 (y_3 - y_2) - k_1 (y_2 - y_1) + q_2 \\[2mm] \qquad\qquad \vdots \\[2mm] E_i I_i \dfrac{\mathrm{d}^4 y_i}{\mathrm{d}x^4} = k_i (y_{i+1} - y_i) - k_{i-1} (y_i - y_{i-1}) + q_i \qquad\qquad x \leqslant 0 \quad (\mathrm{I}) \\[2mm] \qquad\qquad \vdots \\[2mm] E_{n-1} I_{n-1} \dfrac{\mathrm{d}^4 y_{n-1}}{\mathrm{d}x^4} = k_{n-1} (y_n - y_{n-1}) - k_{n-2} (y_n - y_{n-2}) + q_{n-1} \\[2mm] E_n I_n \dfrac{\mathrm{d}^4 y_n}{\mathrm{d}x^4} = - k_{n-1} (y_n - y_{n-1}) + q_n \end{cases}$$

$$\begin{cases} E_1 I_1 \dfrac{\mathrm{d}^4 y_1}{\mathrm{d}x^4} = k_1 (y_2 - y_1) - k_z y_1 + q_1 \\[2mm] E_2 I_2 \dfrac{\mathrm{d}^4 y_2}{\mathrm{d}x^4} = k_2 (y_3 - y_2) - k_1 (y_2 - y_1) + q_2 \\[2mm] \qquad\qquad \vdots \\[2mm] E_i I_i \dfrac{\mathrm{d}^4 y_i}{\mathrm{d}x^4} = k_i (y_{i+1} - y_i) - k_{i-1} (y_i - y_{i-1}) + q_i \qquad\qquad 0 < x < l \quad (\mathrm{II}) \\[2mm] \qquad\qquad \vdots \\[2mm] E_{n-1} I_{n-1} \dfrac{\mathrm{d}^4 y_{n-1}}{\mathrm{d}x^4} = k_{n-1} (y_n - y_{n-1}) - k_{n-2} (y_n - y_{n-2}) + q_{n-1} \\[2mm] E_n I_n \dfrac{\mathrm{d}^4 y_n}{\mathrm{d}x^4} = - k_{n-1} (y_n - y_{n-1}) + q_n \end{cases}$$

$$\begin{cases} E_1 I_1 \dfrac{\mathrm{d}^4 y_1}{\mathrm{d}x^4} = k_1 (y_2 - y_1) - k_{\mathrm{t}} (y_1 - f_{\mathrm{c}}) + q_1 \\[2mm] E_2 I_2 \dfrac{\mathrm{d}^4 y_2}{\mathrm{d}x^4} = k_2 (y_3 - y_2) - k_1 (y_2 - y_1) + q_2 \\[2mm] \qquad\qquad \vdots \\[2mm] E_i I_i \dfrac{\mathrm{d}^4 y_i}{\mathrm{d}x^4} = k_i (y_{i+1} - y_i) - k_{i-1} (y_i - y_{i-1}) + q_i \qquad\qquad x \geqslant l \quad (\mathrm{III}) \\[2mm] \qquad\qquad \vdots \\[2mm] E_{n-1} I_{n-1} \dfrac{\mathrm{d}^4 y_{n-1}}{\mathrm{d}x^4} = k_{n-1} (y_n - y_{n-1}) - k_{n-2} (y_n - y_{n-2}) + q_{n-1} \\[2mm] E_n I_n \dfrac{\mathrm{d}^4 y_n}{\mathrm{d}x^4} = - k_{n-1} (y_n - y_{n-1}) + q_n \end{cases}$$

式中　E_i——第 i 层岩梁的弹性模量；

I_i——第 i 层岩梁的惯性矩，$I_i = h_i^3/12$；

h_i——第 i 层岩梁的厚度，m；

y_i——第 i 层顶板岩梁的挠度，m；

q_n——第 n 层岩梁受力，MPa；

k_i——第 i 层上覆岩层为基础时的地基系数，MPa/m；

l——控顶距，m；

k_m,k_z,k_t——分别表示煤体区、控顶区、充填区的地基系数，MPa/m；

f_c——关于充填率的顶板下沉值，主要取决于充填前顶板下沉量和充填欠接顶量。

（Ⅰ）为煤体支承区岩层的挠曲线微分方程组；（Ⅱ）为控顶区组合顶板岩梁的挠曲线微分方程组；（Ⅲ）为充填体支承区组合顶板岩梁的挠曲线微分方程组。下面主要对单一组合顶板岩梁和双层组合顶板岩梁力学模型进行分析。

3.2.2.1 单一组合顶板岩梁力学模型及其方程

根据前述分析，以工作面煤壁作为坐标原点，工作面后方作为坐标轴的正方向，工作面前方作为坐标轴的负方向，建立单一组合顶板岩梁力学模型，如图 3-7 所示。

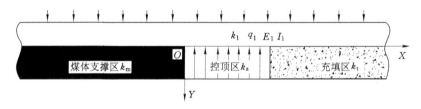

图 3-7 单一组合顶板岩梁力学模型

将顶板岩梁看成分别由煤体和充填体以及控顶区作为弹性基础的地基梁，由弹性地基梁认为地基反力服从温克尔假设。可表述为，地基表面任一点的沉降与该点单位面积上所受的压力成正比，即

$$\sigma = k_0 y \tag{3-25}$$

式中 σ——单位面积上的压力；

y——地基的挠度；

k_0——地基系数。

对于地基的上部为较薄的垫层（充填膏体）、下部为坚硬岩石（煤层或底板）的情况，垫层系数可按照下列近似公式计算，即

$$k_0 = \frac{E_0}{H} \tag{3-26}$$

式中 H——垫层厚度;

E_0——充填体的压缩模量。

对于充填材料的压缩模量,针对试验矿井小屯矿的充填材料,用压实试验曲线中靠近原点附近的一段,并取压实曲线的割线模量来作为弹性模量 E_0,实验室测定结果为 $E_0=350\sim700$ MPa。

根据弹性地基岩梁理论,顶板岩层挠度 y、顶板岩梁受载 q 与煤体(支架或充填体)产生反力 p 三者之间的关系应满足地基梁挠曲基本微分方程,即

$$EI\frac{\mathrm{d}^4y}{\mathrm{d}x^4}=q-p \tag{3-27}$$

在计算中,用 p 表示沿梁单位长度内的充填体对顶板岩梁产生的支撑力,假设梁的宽度为 b,则有:$p=\sigma b$,因此,温克尔假设可改写成

$$p=ky \tag{3-28}$$

将式(3-27)代入式(3-28),得微分方程

$$EI\frac{\mathrm{d}^4y}{\mathrm{d}x^4}+ky=q \tag{3-29}$$

则对于如图 3-7 所示的单层岩梁可建立如下方程。

① 工作面前方,煤体区($x\leqslant0$)方程为

$$E_1I_1\frac{\mathrm{d}^4y_m}{\mathrm{d}x^4}+k_m y_m=q_1 \tag{3-30}$$

式中 y_m——煤体支撑区顶板岩层挠度。

② 工作面后方,采煤区及待充填区($0<x<l$)方程为

$$E_1I_1\frac{\mathrm{d}^4y_z}{\mathrm{d}x^4}+k_z y_z=q_1 \tag{3-31}$$

式中 y_z——控顶区顶板岩层挠度。

③ 工作面后方,充填区($x\geqslant l$)方程为

$$E_1I_1\frac{\mathrm{d}^4(y_t-f_c)}{\mathrm{d}x^4}+k_t(y_t-f_c)=q_1 \tag{3-32?}$$

式中 y_t——充填区顶板岩层挠度。

由方程(3-30)可得

$$\frac{\mathrm{d}^4y_m}{\mathrm{d}x^4}+\frac{k_m}{E_1I_1}y_m=\frac{q_1}{E_1I_1} \tag{3-32}$$

方程(3-32)的齐次方程为

$$\frac{\mathrm{d}^4y_m}{\mathrm{d}x^4}+\frac{k_m}{E_1I_1}y_m=0 \tag{3-33}$$

故可得特征方程

$$\lambda^4 + \frac{k_{\mathrm{m}}}{E_1 I_1} = 0$$

令 $\alpha^4 = \dfrac{k_{\mathrm{m}}}{E_1 I_1}$，则上式可以表示为

$$\lambda^4 + \alpha^4 = 0$$

可以得出特征方程的解读为

$$\lambda = \pm \beta_1 (1 \pm i)$$

式中

$$\beta_1 = \sqrt[4]{\frac{k_{\mathrm{m}}}{4 E_1 I_1}}$$

所以齐次方程(3-33)的通解为

$$y_{\mathrm{m}} = \mathrm{e}^{\beta_1 x} (A_1 \cos \beta_1 x + A_2 \sin \beta_1 x) + \mathrm{e}^{-\beta_1 x} (A_3 \cos \beta_1 x + A_4 \sin \beta_1 x) \quad (3\text{-}34)$$

又因为非齐次方程(3-32)的一个特解为

$$y^* = \frac{q_1}{k_{\mathrm{m}}}$$

所以非齐次方程(3-32)的通解为

$$y_{\mathrm{m}} = \mathrm{e}^{\beta_1 x} (A_1 \cos \beta_1 x + A_2 \sin \beta_1 x) + \mathrm{e}^{-\beta_1 x} (A_3 \cos \beta_1 x + A_4 \sin \beta_1 x) + q_1/k_{\mathrm{m}}$$

$$(3\text{-}35)$$

同理，可解得工作面后方的方程(3-31)的通解为

$$y_{\mathrm{z}} = \mathrm{e}^{-\alpha_1 x} (B_1 \cos \alpha_1 x + B_2 \sin \alpha_1 x) + \mathrm{e}^{\alpha_1 x} (B_3 \cos \alpha_1 x + B_4 \sin \alpha_1 x) + q_1/k_{\mathrm{z}}$$

$$(3\text{-}36)$$

式中

$$\alpha_1 = \sqrt[4]{\frac{k_{\mathrm{z}}}{4 E_1 I_1}}$$

对方程(3-35)定性分析可知，该方程的条件是 $x \leqslant 0$，当 $x \to \infty$ 时，挠曲线的最大挠度，即下沉值 $y_1 = q_1/k_{\mathrm{m}}$，当且仅当 $A_3 = A_4 = 0$ 时，才能满足这一条件，因此，式(3-35)应为

$$y_{\mathrm{m}} = \mathrm{e}^{\beta_1 x} (A_1 \cos \beta_1 x + A_2 \sin \beta_1 x) + q_1/k_{\mathrm{m}} \quad (3\text{-}37)$$

同理，对方程(3-36)定性分析后应为

$$y_{\mathrm{z}} = \mathrm{e}^{-\alpha_1 x} (B_1 \cos \alpha_1 x + B_2 \sin \alpha_1 x) + q_1/k_{\mathrm{z}} \quad (3\text{-}38)$$

由于煤层压缩变形量 q_1/k_{m} 充填前已经发生，故单层顶板岩梁在充填开采时，顶板的挠曲方程为

$$\begin{cases} y_{\mathrm{z}} = \mathrm{e}^{-\alpha_1 x} (B_1 \cos \alpha_1 x + B_2 \sin \alpha_1 x) + q_1/k_{\mathrm{z}} & 0 < x < l \quad (\mathrm{a}) \\ y_{\mathrm{m}} = \mathrm{e}^{\beta_1 x} (A_1 \cos \beta_1 x + A_2 \sin \beta_1 x) & x \leqslant 0 \quad (\mathrm{b}) \end{cases} \quad (3\text{-}39)$$

考虑边界挠曲值和导数连续条件，则

$$\begin{cases} \alpha_1 = \sqrt[4]{\dfrac{k_z}{4E_1 I_1}} \ ; \ A_1 = \dfrac{\alpha_1^2 q_1}{k_z(\alpha_1^2 + \beta_1^2)} \ ; \ A_2 = -\dfrac{\alpha_1^2(\alpha_1 - \beta_1)q_1}{k_z(\alpha_1 + \beta_1)(\alpha_1^2 + \beta_1^2)} \\[4mm] \beta_1 = \sqrt[4]{\dfrac{k_m}{4E_1 I_1}} \ ; \ B_1 = -\dfrac{\beta_1^2 q_1}{k_z(\alpha_1^2 + \beta_1^2)} \ ; \ B_2 = \dfrac{\beta_1^2(\alpha_1 - \beta_1)q_1}{k_z(\alpha_1 + \beta_1)(\alpha_1^2 + \beta_1^2)} \end{cases} \quad (3\text{-}40)$$

工作面前方($x \leqslant 0$)煤体上方直接顶挠曲方程为

$$y_m = e^{\beta_1 x}\left[\frac{\alpha_1^2 q}{k_z(\alpha_1^2 + \beta_1^2)}\cos\beta_1 x - \frac{\alpha_1^2(\alpha_1 - \beta_1)q}{k_z(\alpha_1 + \beta_1)(\alpha_1^2 + \beta_1^2)}\sin\beta_1 x\right] \quad (3\text{-}41)$$

由于顶板岩层的挠曲而使垂直应力增大,得出煤体对顶板的支撑力为

$$P_m = k_m e^{\beta_1 x}\left[\frac{\alpha_1^2 q}{k_z(\alpha_1^2 + \beta_1^2)}\cos\beta_1 x - \frac{\alpha_1^2(\alpha_1 - \beta_1)q}{k_z(\alpha_1 + \beta_1)(\alpha_1^2 + \beta_1^2)}\sin\beta_1 x\right] \quad (3\text{-}42)$$

式中　P_m——工作面前方煤体对顶板的支撑力。

控顶区顶板岩梁的挠曲方程为

$$y_z = e^{-\alpha_1 x}\left[\frac{\beta_1^2(\alpha_1 - \beta_1)q}{k_z(\alpha_1 + \beta_1)(\alpha_1^2 + \beta_1^2)}\sin\alpha_1 x - \frac{\beta_1^2 q}{k_z(\alpha_1^2 + \beta_1^2)}\cos\alpha_1 x\right] + \frac{q_1}{k_z} \quad (3\text{-}43)$$

由于顶板岩层的挠曲而使垂直应力增大,得出支架对顶板的支撑力为

$$P_z = q_1 + k_z e^{-\alpha_1 x}\left[\frac{\beta_1^2(\alpha_1 - \beta_1)q}{k_z(\alpha_1 + \beta_1)(\alpha_1^2 + \beta_1^2)}\sin\alpha_1 x - \frac{\beta_1^2 q}{k_z(\alpha_1^2 + \beta_1^2)}\cos\alpha_1 x\right] \quad (3\text{-}44)$$

式中　P_z——支架对顶板的支撑力。

控顶区的地基反力系数取决于直接顶、支架和底板岩层的厚度和弹性模型,可用下式计算,即

$$\begin{cases} k_j = \dfrac{p_e - p_0}{Su}\eta_s \\[3mm] k_z = k_j[1 + k_j(h_d/E_d + h_f/E_f)]^{-1} \end{cases} \quad (3\text{-}45)$$

式中　k_j——支架等效地基系数,即支架对顶板单位面积的抗压刚度;

　　　h_f, E_f——分别为直接顶厚度和弹性模量;

　　　h_d, E_d——分别为直接底板表层厚度和弹性模量;

　　　p_e, p_0——分别为支架的额定工作阻力和初撑力;

　　　S——支架顶梁的支护面积;

　　　u——从初撑力达到额定阻力时的立柱下缩量;

　　　η_s——支架的支承效率。

当 $x \geqslant l$ 时,由于控顶区和充填区的地基反力系数不同,需要对充填区内的方程进行重新计算,但其一般式应与式(3-39)中的(a)式类似,即充填区顶板岩梁的挠曲线方程可以假设为如下形式

$$y_t = e^{-\alpha_2 x}(C_1\sin\alpha_2 x + C_2\cos\alpha_2 x) + f_c + q_1/k_t$$

由边界条件:在控顶区与充填区交界 $x = l$ 的断面处的挠曲值和导数连续条

件,求得

$$
\begin{cases}
\alpha_2 = \sqrt[4]{\dfrac{k_t}{4EI}} \\[4pt]
N = \alpha_1 e^{-\alpha_1 l}(\cos \alpha_1 l - \sin \alpha_1 l)\ ;\ M = -\alpha_1 e^{-\alpha_1 l}(\cos \alpha_1 l + \sin \alpha_1 l) \\[4pt]
N_1 = \alpha_2 e^{-\alpha_2 l}(\cos \alpha_2 l - \sin \alpha_2 l)\ ;\ M_1 = -\alpha_2 e^{-\alpha_2 l}(\cos \alpha_2 l + \sin \alpha_2 l) \\[4pt]
P = 2\alpha_1^3 e^{-\alpha_1 l}(\cos \alpha_1 l - \sin \alpha_1 l)\ ;\ D = 2\alpha_1^3 e^{-\alpha_1 l}(\cos \alpha_1 l + \sin \alpha_1 l) \\[4pt]
P_1 = 2\alpha_2^3 e^{-\alpha_2 l}(\cos \alpha_2 l - \sin \alpha_2 l)\ ;\ D_1 = 2\alpha_2^3 e^{-\alpha_2 l}(\cos \alpha_2 l + \sin \alpha_2 l) \\[4pt]
B_1 = -\dfrac{\beta_1^2 q_1}{k_z(\alpha_1^2 + \beta_1^2)}\ ;\ B_2 = \dfrac{\beta_1^2(\alpha_1 - \beta_1) q_1}{k_z(\alpha_1 + \beta_1)(\alpha_1^2 + \beta_1^2)} \\[4pt]
C_1 = \dfrac{N P_1 B_1 + N D_1 B_2 - N_1 D B_1 + M_1 D B_2}{NP + DM} \\[4pt]
C_2 = \dfrac{P N_1 B_1 - P M_1 B_2 + P_1 M B_1 + D_1 M B_2}{NP + DM}
\end{cases}
$$

由于 f_c 是由开采后的顶板管理,而且在充填前已经发生,充填体对顶板的支撑力为

$$
P_t = k_t e^{-\alpha_2 x}(C_1 \sin \alpha_2 x + C_2 \cos \alpha_2 x) + q_1
$$

式中　P_t——充填体对直接顶的支撑力。

3.2.2.2　顶板岩层地基参数的确定

根据弹性岩层假设,将各个岩层看作弹性体,其本构关系为:$\sigma = E \cdot \dfrac{y}{h}$,又应力 σ 作用下(忽略垫层间产生的应力),各岩层的压缩量为:$y_i = h_i \cdot \dfrac{\sigma}{E_i}$,由几何关系可知弹性地基的总压缩量为:$y = \sum\limits_{i=1}^{n-1} y_i$。

于是可以得到:组合顶板岩梁下部垫层的地基系数 k 与各垫层厚度、弹性模量间的关系式为

$$
k = \dfrac{1}{\sum\limits_{i=1}^{n-1} \dfrac{h_i}{E_i}} \tag{3-46}
$$

式中　k——弹性地基系数;

　　　h_i——第 i 层岩层厚度;

　　　E_i——第 i 层岩层的弹性模量。

组合顶板岩梁的当量弹性模量的计算式为

$$E = \frac{\prod\limits_{i=1}^{n} E_i}{\sum\limits_{i=1}^{n} E_i} \qquad (3\text{-}47)$$

取计算参数:组合顶板岩梁的当量弹性模量为 40 GPa,厚度为 4 m,煤层埋深 400 m,采厚为 3 m,弹性模量为 5 GPa,充填体弹性模量为 0.1 GPa。充填欠接顶量分别为 100 mm、200 mm、250 mm 时,顶板下沉曲线如图 3-8 所示。

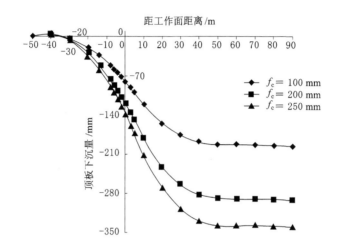

图 3-8　充填欠接顶量变化时顶板下沉曲线

取计算参数:组合顶板岩梁的当量弹性模量为 40 GPa,厚度为 4 m,煤层埋深 400 m,采厚为 3 m,弹性模量为 5 GPa,充填高度为 3 m。充填体弹性模量为 0.3 GPa、0.6 GPa、0.9 GPa 时,顶板下沉曲线如图 3-9 所示。

取计算参数:煤层埋深 400 m,采厚为 3 m,弹性模量为 5 GPa,充填高度为 2.9 m。组合顶板岩梁的当量弹性模量和厚度变化时,顶板下沉曲线如图 3-10 所示。

综上所述可知:充填开采顶板下沉量与其弹性模量、厚度、所受载荷以及充填体弹性模量、充填体厚度有关。充填欠接顶量对顶板下沉影响显著,充填体弹性模量对顶板下沉的影响较大,顶板厚度及其弹性模量对顶板的下沉曲线无明显影响。

3.2.2.3　双层组合顶板岩梁力学模型及其方程

若充填工作面上覆岩层有多层比较坚硬岩层组成双层组合顶板岩梁,根据前述内容,可建立如图 3-11 所示力学模型。

对如图 3-11 所示的双层组合岩梁可建立如下方程。

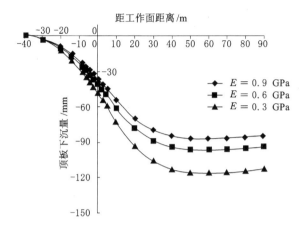

图 3-9   充填体弹性模量变化时顶板下沉曲线

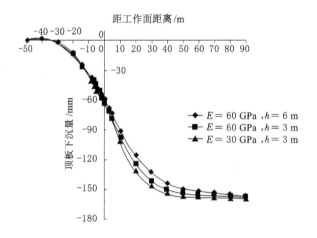

图 3-10   顶板弹性模量和厚度变化时顶板下沉曲线

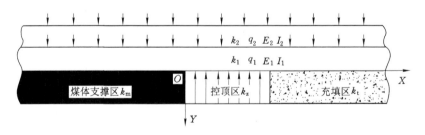

图 3-11   双层组合顶板岩梁力学模型

(1) 工作面前方,煤体区($x \leqslant 0$)方程为

$$\begin{cases} E_1 I_1 \dfrac{\mathrm{d}^4 y_{m1}}{\mathrm{d}x^4} = k_1 (y_{m2} - y_{m1}) - k_m y_{m1} + q_1 & \text{(a)} \\[3mm] E_2 I_2 \dfrac{\mathrm{d}^4 y_{m2}}{\mathrm{d}x^4} = -k_1 (y_{m2} - y_{m1}) + q_2 & \text{(b)} \end{cases} \quad (3\text{-}48)$$

式中　y_{m1}, y_{m2}——分别为煤体支撑区上覆第1、2层组合顶板岩梁挠度;

　　　k_m, k_1——分别为煤体、上覆第1层组合顶板岩层的地基反力系数;

　　　q_1, q_2——分别为上覆第1、2层组合顶板岩梁所受应力。

(2) 工作面后方,采煤区及待充填区($0 < x < l$)方程为

$$\begin{cases} E_1 I_1 \dfrac{\mathrm{d}^4 y_{z1}}{\mathrm{d}x^4} = k_1 (y_{z2} - y_{z1}) - k_z y_{z1} + q_1 & \text{(a)} \\[3mm] E_2 I_2 \dfrac{\mathrm{d}^4 y_{z2}}{\mathrm{d}x^4} = -k_1 (y_{z2} - y_{z1}) + q_2 & \text{(b)} \end{cases} \quad (3\text{-}49)$$

式中　y_{z1}, y_{z2}——分别为控顶区上覆第1、2层组合顶板岩梁挠度;

　　　k_z, k_1——分别为控顶区支架、上覆第1层组合顶板岩层的地基反力系数;

　　　q_1, q_2——分别为上覆第1、2层组合顶板岩梁所受应力。

(3) 工作面后方,充填区($x \geqslant l$)方程为

$$\begin{cases} E_1 I_1 \dfrac{\mathrm{d}^4 y_{t1}}{\mathrm{d}x^4} = k_1 (y_{t2} - y_{t1}) - k_t (y_{t1} - f_c) + q_1 & \text{(a)} \\[3mm] E_2 I_2 \dfrac{\mathrm{d}^4 y_{t2}}{\mathrm{d}x^4} = -k_1 (y_{t2} - y_{t1}) + q_2 & \text{(b)} \end{cases}$$

式中　y_{t1}, y_{t2}——分别为充填区上覆第1、2层顶板组合岩梁挠度;

　　　k_t, k_1——分别为充填体、上覆第1层顶板的地基反力系数;

　　　q_1, q_2——分别为上覆第1、2层顶板组合岩梁所受应力;

　　　f_c——充填区关于充填率的顶板下沉值,主要取决于充填前顶板下沉量和充填欠接顶量。

由方程(3-49)中的(a)可得

$$y_{m2} = \frac{E_1 I_1}{k_1} \cdot \frac{\mathrm{d}^4 y_{m1}}{\mathrm{d}x^4} + k_m y_{m1} + y_{m1} - \frac{q_1}{k_1} \quad (3\text{-}50)$$

故可以得出

$$y_{m2}^{(4)} = \frac{E_1 I_1}{k_1} \cdot y_{m1}^{(8)} + k_m y_{m1}^{(4)} + y_{m1}^{(4)} \quad (3\text{-}51)$$

将式(3-50)、(3-51)代入方程(3-48)中的(b),并对其进行化简、整理后,可得

$$y_{m1}^{(8)} + \left(\frac{k_1}{E_1 I_1} + \frac{k_1}{E_2 I_2} + \frac{k_m}{E_1 I_1}\right) y_{m1}^{(4)} + \frac{k_m k_1}{E_1 I_1 E_2 I_2} y_{m1} = \frac{(q_1 + q_2) k_1}{E_1 I_1 E_2 I_2} \quad (3-52)$$

对应的特征方程为

$$\lambda^8 + \left(\frac{k_1}{E_1 I_1} + \frac{k_1}{E_2 I_2} + \frac{k_m}{E_1 I_1}\right) \lambda^4 + \frac{k_m k_1}{E_1 I_1 E_2 I_2} = 0 \quad (3-53)$$

令 $Z = \lambda^4$,则特征方程可化成如下形式

$$Z^2 + \left(\frac{k_1}{E_1 I_1} + \frac{k_1}{E_2 I_2} + \frac{k_m}{E_1 I_1}\right) Z + \frac{k_m k_1}{E_1 I_1 E_2 I_2} = 0$$

因为 $\Delta = b^2 - 4ac > 0$,所以方程有两不等实根,即

$$Z_{1,2} = \frac{-\dfrac{k_1}{E_1 I_1} - \dfrac{k_1}{E_2 I_2} - \dfrac{k_m}{E_1 I_1} \pm \sqrt{\Delta}}{2}$$

令

$$Z_1 = -4\beta^4, Z_2 = -4\alpha^4$$

于是可得

$$\beta, \alpha = \left[\frac{\dfrac{k_1}{E_1 I_1} + \dfrac{k_1}{E_2 I_2} + \dfrac{k_m}{E_1 I_1} \pm \sqrt{\Delta}}{8}\right]^{\frac{1}{4}}$$

所以,特征方程(3-53)的特征根为

$$\lambda_{1,2,3,4} = \pm\beta \pm i\beta; \lambda_{1,2,3,4} = \pm\alpha \pm i\alpha$$

又非齐次方程(3-52)的一个特解为

$$y^* = \frac{q_1 + q_2}{k_m}$$

于是方程(3-53)的通解为

$$y_{m1} = e^{\beta x}(D_1 \cos \beta x + D_2 \sin \beta x) + e^{-\beta x}(C_3 \cos \beta x + C_4 \sin \beta x) +$$
$$e^{\alpha x}(D_5 \cos \alpha x + D_6 \sin \alpha x) + e^{-\alpha x}(C_7 \cos \alpha x + C_8 \sin \alpha x) + \frac{q_1 + q_2}{k_m} \quad (3-54)$$

求得

$$y_{m2} = A e^{\beta x}(D_1 \cos \beta x + D_2 \sin \beta x) + A e^{-\beta x}(C_3 \cos \beta x + C_4 \sin \beta x) +$$
$$B e^{\alpha x}(D_5 \cos \alpha x + D_6 \sin \alpha x) + B e^{-\alpha x}(C_7 \cos \alpha x + C_8 \sin \alpha x) +$$
$$\frac{q_1 + q_2}{k_m} + \frac{q_2}{k_1} \quad (3-55)$$

通过对方程(3-54)、(3-55)进行定性分析可知:当 $x \to \infty$ 时,挠曲线的最大挠度,即下沉值均分别趋向于某一定值:$y_1 \to \dfrac{q_1 + q_2}{k_m}$;$y_2 \to \dfrac{q_1 + q_2}{k_m} + \dfrac{q_2}{k_1}$。当且仅当 $D_1 = D_2 = D_5 = D_6 = 0$ 时,才能满足这一条件。

因此,工作面前方煤体上方双层顶板岩梁的挠曲方程为

$$\begin{cases}
y_{m1} = e^{\beta x}(C_3\cos\beta x + C_4\sin\beta x) + \\
\qquad e^{\alpha x}(C_7\cos\alpha x + C_8\sin\alpha x) + \dfrac{q_1+q_2}{k_m} \qquad (a) \\
y_{m2} = Ae^{\beta x}(C_3\cos\beta x + C_4\sin\beta x) + \\
\qquad Be^{\alpha x}(C_7\cos\alpha x + C_8\sin\alpha x) + \dfrac{q_1+q_2}{k_m} + \dfrac{q_2}{k_1} \quad (b)
\end{cases} \qquad (3\text{-}56)$$

同理,控顶区上方双层顶板岩梁的挠曲方程为

$$\begin{cases}
y_{z1} = e^{-\beta_1 x}(C_1\cos\beta_1 x + C_2\sin\beta_1 x) + \\
\qquad e^{-\alpha_1 x}(C_5\cos\alpha_1 x + C_6\sin\alpha_1 x) + \dfrac{q_1+q_2}{k_z} \qquad (a) \\
y_{z2} = A_1 e^{-\beta_1 x}(C_1\cos\beta_1 x + C_2\sin\beta_1 x) + \\
\qquad B_1 e^{-\alpha x}(C_5\cos\alpha_1 x + C_6\sin\alpha_1 x) + \dfrac{q_1+q_2}{k_z} + \dfrac{q_2}{k_1} \quad (b)
\end{cases} \qquad (3\text{-}57)$$

对于方程(3-56)、(3-57)的 8 个未知数 $C_1 \sim C_8$ 可由边界条件:$x=0$ 断面处 $y_{(0)}$,$y'_{(0)}$,$y''_{(0)}$,$y'''_{(0)}$ 相等,得到以下 8 个等式,即

$$\begin{cases}
AC_3 + BC_7 + \dfrac{q_1+q_2}{k_m} + \dfrac{q_2}{k_1} = AC_1 + BC_5 + \dfrac{q_1+q_2}{k_z} + \dfrac{q_2}{k_1} \\
A_1\beta_1(C_1+C_2) + B_1\alpha_1(C_5+C_6) = A\beta(C_4-C_3) - B\alpha(C_7-C_8) \\
-A\beta^2 C_4 - B\alpha^2 C_8 = A_1\beta_1^2 C_2 + B_1\alpha_1^2 C_6 \\
A\beta^3(C_3+C_4) + B\alpha^3(C_7+C_8) = A_1\beta_1^3(C_2-C_1) - B_1\alpha_1^3(C_5-C_6) \\
C_3 + C_7 + \dfrac{q_1+q_2}{k_m} = C_1 + C_5 + \dfrac{q_1+q_2}{k_z} \\
\beta_1(C_1+C_2) + \alpha_1(C_5+C_6) = \beta(C_4-C_3) - \alpha(C_7-C_8) \\
-\beta^2 C_4 - \alpha^2 C_8 = \beta_1^2 C_2 + \alpha_1^2 C_6 \\
\beta^3(C_3+C_4) + \alpha^3(C_7+C_8) = \beta_1^3(C_2-C_1) - \alpha_1^3(C_5-C_6)
\end{cases} \qquad (3\text{-}58)$$

对于方程(3-58)利用 Mathcad 中的 Given_Find 模块函数,可求解得:$C_2 = C_4 = C_6 = C_8 = 0$。将其分别代入方程(3-56)、(3-57)中,可得

工作面前方的双层顶板岩梁的挠曲方程可分别表示为

$$\begin{cases}
y_{m1} = e^{\beta x}C_3\cos\beta x + e^{\alpha x}C_7\cos\alpha x + \dfrac{q_1+q_2}{k_m} \qquad (a) \\
y_{m2} = Ae^{\beta x}C_3\cos\beta x + Be^{\alpha x}C_7\cos\alpha x + \dfrac{q_1+q_2}{k_m} + \dfrac{q_2}{k_1} \quad (b)
\end{cases} \qquad (3\text{-}59)$$

充填开采工作面后方的双层顶板岩梁的挠曲方程可分别表示为

$$
\begin{cases}
y_{z1} = e^{-\beta_1 x} C_1 \cos \beta_1 x + e^{-\alpha_1 x} C_5 \cos \alpha_1 x + \dfrac{q_1 + q_2}{k_z} & \text{(a)} \\[3mm]
y_{z2} = A_1 e^{-\beta_1 x} C_1 \cos \beta_1 x + B_1 e^{-\alpha_1 x} C_5 \cos \alpha_1 x + \dfrac{q_1 + q_2}{k_z} + \dfrac{q_2}{k_1} & \text{(b)}
\end{cases} \tag{3-60}
$$

由于控顶区和充填区的地基反力系数不同，需对充填区内方程进行重新计算，充填区顶板岩梁的挠曲线方程可假设为如下形式

$$
\begin{cases}
y_{t1} = e^{-\beta_2 x} C_9 \cos \beta_2 x + e^{-\alpha_2 x} C_{10} \cos \alpha_2 x + \dfrac{q_1 + q_2}{k_t} + f_c & \text{(a)} \\[3mm]
y_{t2} = A_2 e^{-\beta_2 x} C_{11} \cos \beta_2 x + B_2 e^{-\alpha_1 x} C_{12} \cos \alpha_2 x + \dfrac{q_1 + q_2}{k_t} + \dfrac{q_2}{k_1} & \text{(b)}
\end{cases} \tag{3-61}
$$

在控顶区与充填区交界的断面处，即 $x = l$ 的断面处，由方程（3-60）和（3-61）的挠曲值和导数连续条件，可得如下方程组

$$
\begin{cases}
\beta_1 e^{-\beta_1 l} C_1 P + \alpha_1 e^{-\alpha_1 l} C_5 M = \beta_2 e^{-\beta_2 l} C_9 P_1 + \alpha_2 e^{-\alpha_2 l} C_{10} M_1 \\[2mm]
A_1 \beta_1 e^{-\beta_1 l} C_1 P - B_1 \alpha_1 e^{-\alpha_1 l} C_5 M = A_2 \beta_2 e^{-\beta_2 l} C_{11} P_1 + B_2 \alpha_2 e^{-\alpha_2 l} C_{12} M_1 \\[2mm]
\beta_1^3 e^{-\beta_1 l} C_1 N + \alpha_1^3 e^{-\alpha_1 l} C_5 D = \beta_2^3 e^{-\beta_2 l} C_9 N_1 + \alpha_2^3 e^{-\alpha_2 l} C_{10} D_1 \\[2mm]
A_1 \beta_1^3 e^{-\beta_1 l} C_1 N + B_1 \alpha_1^3 e^{-\alpha_1 l} C_5 D = A_2 \beta_2^3 e^{-\beta_2 l} C_{11} N_1 + B_2 \alpha_2^3 e^{-\alpha_2 l} C_{12} D_1
\end{cases} \tag{3-62}
$$

对于方程（3-62）利用 Mathcad 中的 Given_Find 模块函数，可以求得上述 4 个方程中的 4 个未知数 $C_9 \sim C_{12}$，并代入方程（3-61）中，即得到充填区的顶板岩梁变形的挠曲方程。

综上可以得出：双层组合顶板组合岩梁在充填开采时的挠曲方程由 3 个不同的弹性地基段组成。

当 $x \leqslant 0$ 时，工作面前方煤体区，组合顶板岩梁的挠曲方程可分别表示为

$$
\begin{cases}
y_{m1} = e^{\beta x} C_3 \cos \beta x + e^{\alpha x} C_7 \cos \alpha x + \dfrac{q_1 + q_2}{k_m} & \text{(a)} \\[3mm]
y_{m2} = A e^{\beta x} C_3 \cos \beta x + B e^{\alpha x} C_7 \cos \alpha x + \dfrac{q_1 + q_2}{k_m} + \dfrac{q_2}{k_1} & \text{(b)}
\end{cases} \tag{3-63}
$$

当 $0 < x < l$ 时，工作面后方支架区（控顶区），组合顶板岩梁的挠曲方程可分别表示为

$$
\begin{cases}
y_{z1} = e^{-\beta_1 x} C_1 \cos \beta_1 x + e^{-\alpha_1 x} C_5 \cos \alpha_1 x + \dfrac{q_1 + q_2}{k_z} & \text{(a)} \\[3mm]
y_{z2} = A_1 e^{-\beta_1 x} C_1 \cos \beta_1 x + B_1 e^{-\alpha_1 x} C_5 \cos \alpha_1 x + \dfrac{q_1 + q_2}{k_z} + \dfrac{q_2}{k_1} & \text{(b)}
\end{cases} \tag{3-64}
$$

当 $x \geqslant l$ 时，工作面后方充填区，组合顶板岩梁的挠曲方程可分别表示为

$$\begin{cases} y_{t1} = e^{-\beta_1 x} C_9 \cos \beta_1 x + e^{-\alpha_1 x} C_{10} \cos \alpha_1 x + \dfrac{q_1+q_2}{k_t} + f_c & \text{(a)} \\ y_{t2} = A_2 e^{-\beta_1 x} C_{11} \cos \beta_1 x + B_2 e^{-\alpha_1 x} C_{12} \cos \alpha_1 x + \dfrac{q_1+q_2}{k_t} + \dfrac{q_2}{k_1} & \text{(b)} \end{cases} \quad (3\text{-}65)$$

式中　l——最大控顶距；

y_{m1}，y_{m2}——分别为煤体支撑区上覆第 1、2 层顶板组合岩梁挠度；

y_{z1}，y_{z2}——分别为控顶区上覆第 1、2 层顶板组合岩梁挠度；

y_{t1}，y_{t2}——分别为充填区上覆第 1、2 层顶板组合岩梁挠度；

k_z，k_1——分别为控顶区支架、上覆第 1 层顶板的地基反力系数；

k_m，k_t——分别为煤体、充填体的地基反力系数；

q_1，q_2——分别为上覆第 1、2 层顶板组合岩梁所受应力。

$$\beta, \alpha = \left(\frac{\dfrac{k_1}{E_1 I_1} + \dfrac{k_1}{E_2 I_2} + \dfrac{k_m}{E_1 I_1} \pm \sqrt{\left(\dfrac{k_1}{E_1 I_1} + \dfrac{k_1}{E_2 I_2} + \dfrac{k_m}{E_1 I_1} \right)^2 - \dfrac{4 k_m k_1}{E_1 I_1 E_2 I_2}}}{8} \right)^{\frac{1}{4}}$$

$$\beta_1, \alpha_1 = \left(\frac{\dfrac{k_1}{E_1 I_1} + \dfrac{k_1}{E_2 I_2} + \dfrac{k_z}{E_1 I_1} \pm \sqrt{\left(\dfrac{k_1}{E_1 I_1} + \dfrac{k_1}{E_2 I_2} + \dfrac{k_z}{E_1 I_1} \right)^2 - \dfrac{4 k_z k_1}{E_1 I_1 E_2 I_2}}}{8} \right)^{\frac{1}{4}}$$

$$\beta_2, \alpha_2 = \left(\frac{\dfrac{k_1}{E_1 I_1} + \dfrac{k_1}{E_2 I_2} + \dfrac{k_t}{E_1 I_1} \pm \sqrt{\left(\dfrac{k_1}{E_1 I_1} + \dfrac{k_1}{E_2 I_2} + \dfrac{k_t}{E_1 I_1} \right)^2 - \dfrac{4 k_t k_1}{E_1 I_1 E_2 I_2}}}{8} \right)^{\frac{1}{4}}$$

$D_1 = \cos \alpha_1 l - \sin \alpha_1 l$；$D = \cos \alpha l - \sin \alpha l$；$P_1 = \cos \beta_1 l + \sin \beta_1 l$

$P = \cos \beta l + \sin \beta l$；$N_1 = \cos \beta_1 l - \sin \beta_1 l$；$N = \cos \beta l - \sin \beta l$

$M_1 = \cos \alpha_1 l + \sin \alpha_1 l$；$M = \cos \alpha l + \sin \alpha l$；$Y = P_1 \alpha_1^2 D_1 - M_1 \beta_1^2 N_1$

$A = \dfrac{k_1 + k_m}{k_1} - \dfrac{E_1 I_1}{k_1} 4\beta^4$；$B = \dfrac{k_1 + k_m}{k_1} - \dfrac{E_1 I_1}{k_1} 4\alpha^4$

$A_1 = \dfrac{k_1 + k_z}{k_1} - \dfrac{E_1 I_1}{k_1} 4\beta_1^4$；$B_1 = \dfrac{k_1 + k_z}{k_1} - \dfrac{E_1 I_1}{k_1} 4\alpha_1^4$

$A_2 = \dfrac{k_1 + k_t}{k_1} - \dfrac{E_1 I_1}{k_1} 4\beta_2^4$；$B_2 = \dfrac{k_1 + k_t}{k_1} - \dfrac{E_1 I_1}{k_1} 4\alpha_2^4$

$C_1 = -\dfrac{1}{2} \cdot \dfrac{(k_m - k_z)(B-1)(q_1+q_2)}{k_m k_z (A-B)}$；$C_3 = \dfrac{1}{2} \cdot \dfrac{(k_m - k_z)(B-1)(q_1+q_2)}{k_m k_z (A-B)}$

$C_5 = -\dfrac{1}{2} \cdot \dfrac{(k_m - k_z)(A-1)(q_1+q_2)}{k_m k_z (A_1-B_1)}$；$C_7 = \dfrac{1}{2} \cdot \dfrac{(k_m - k_z)(A-1)(q_1+q_2)}{k_m k_z (A_1-B_1)}$

$C_9 = -\dfrac{e^{-\beta_1 l}}{e^{-\beta_2 l}} C_3 \beta_1 \dfrac{M_1 \beta_1^2 N - P \alpha_2^2 D_1}{\beta_2 Y} + \dfrac{e^{-\alpha_1 l}}{e^{-\beta_2 l}} C_7 \alpha_1 \dfrac{M \alpha_2^2 D_1 - M_1 \alpha_1^2 D}{\beta_2 Y}$

$$C_{10} = -\frac{\mathrm{e}^{-\beta_1 l}}{\mathrm{e}^{-\alpha_2 l}} C_3 \beta_1 \frac{P\beta_2^2 N_1 - P_1 \beta_1^2 N}{\alpha_2 Y} + \frac{\mathrm{e}^{-\alpha_1 l}}{\mathrm{e}^{-\alpha_2 l}} C_7 \alpha_1 \frac{M\beta_2^2 N_1 - P_1 \alpha_1^2 D}{\alpha_2 Y}$$

$$C_{11} = -A_1 \frac{\mathrm{e}^{-\beta_1 l}}{\mathrm{e}^{-\beta_2 l}} C_3 \beta_1 \frac{M_1 \beta_1^2 N - P\alpha_2^2 D_1}{A_2 \beta_2 Y} + \frac{\mathrm{e}^{-\alpha_1 l}}{\mathrm{e}^{-\beta_2 l}} C_7 \alpha_1 B_1 \frac{M\alpha_2^2 D_1 - M_1 \alpha_1^2 D}{A_2 \beta_2 Y}$$

$$C_{12} = -A_1 \frac{\mathrm{e}^{-\beta_1 l}}{\mathrm{e}^{-\alpha_2 l}} C_3 \beta_1 \frac{P\beta_2^2 N_1 - P_1 \beta_1^2 N}{B_2 \alpha_2 Y} + \frac{\mathrm{e}^{-\alpha_1 l}}{\mathrm{e}^{-\alpha_2 l}} C_7 \alpha_1 B_1 \frac{M\beta_2^2 N_1 - P_1 \alpha_1^2 D}{B_2 \alpha_2 Y}$$

3.3　支架支护强度的确定

众所周知,充填前顶板下沉量是衡量充填工作面支护效果的重要指标,支架的支护强度直接决定了对顶板的控制效果。因此,充填工作面支护强度选择尤为重要。

充填开采时,前文理论研究给出了充填开采顶板移动曲线方程(3-43),根据弹性地基梁理论可知,控顶区顶板发生单位移动变形时,产生的作用力可表示为

$$\mathrm{d}P_z = k_z y_z \mathrm{d}x$$

于是

$$P_z = k_z \int_0^l \mathrm{e}^{-\alpha_1 x} (B_2 \sin \alpha_1 x + B_1 \cos \alpha_1 x) \mathrm{d}x + \int_0^l q_1 \mathrm{d}x$$

根据力的相互作用原理,可得充填开采时充填支架的支护强度 P_c 最小为

$$P_c = \frac{P_z}{\eta_s} = \frac{k_z \mathrm{e}^{-\alpha_1 l} \left[(B_1 - B_2) \sin \alpha_1 l - (B_1 + B_2) \cos \alpha_1 l \right] + k_z (B_1 + B_2)}{2\alpha_1 \eta_s} + \frac{q_1 l}{\eta_s} \quad (3\text{-}66)$$

式中,符号含义同前文。

取计算参数:煤层埋深为 400 m,煤层弹性模量为 5 GPa,采厚为 3 m,充填体弹性模量为 700 MPa。顶板厚度和弹性模量变化时支护强度变化曲线如图 3-12 所示。

垮落法开采时,工作面支护强度一般采用载荷估算法,即

$$P_c = \xi \gamma M \quad (3\text{-}67)$$

式中　M——采高;

　　　ξ——采高倍数,一般取 4~8 。

取计算参数:煤层埋深为 400 m,坚硬顶板厚度 4 m,弹性模量为 40 GPa,煤层弹性模量为 5 GPa,充填体弹性模量为 700 MPa。采高变化时,支护强度变化曲线如图 3-13 所示。

对方程(3-66)以及图 3-12、图 3-13 分析可知:充填开采工作面支护强度受顶板载荷、厚度、弹性模量、采高、控顶距等因素影响;支护强度与顶板厚度

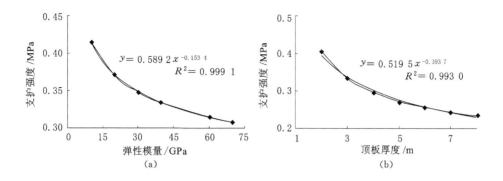

图 3-12 顶板厚度和弹性模量不同时支护强度变化曲线

(a) 顶板弹性模量不同;(b) 顶板厚度不同

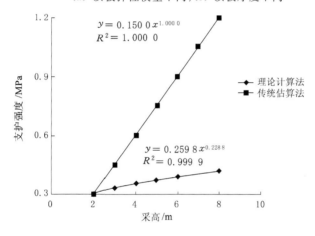

图 3-13 采高不同时支护强度关系曲线

和弹性模量之间呈幂函数关系,而且随着顶板弹性模量和厚度的增加,支护强度逐渐降低;与传统估算法相比,充填法开采时工作面支护强度随采厚的增大亦呈幂函数增加,但明显小于传统估算法,而且采高越大,效果越明显,其原因主要是由于支架、煤壁与充填体形成了共同承载体系,对支架支护强度的要求有所减弱。

3.4 充填体早期强度的确定

从采空区岩层控制的角度分析,不同的充填方法对充填体强度的要求也不同,对全部充填法来说,充填体主体处于三向受力状态,此时充填体的早期强度选择需要从两个方面来进行分析,一方面是充填体承载前的自稳,另一方面是对顶板的及时支撑作用。

为了研究充填体的自稳,国内外学者做了很多工作,形成了许多研究方法。中国矿业大学瞿群迪对充填体自稳的研究方法进行了归纳分析,并在托马斯模型的基础上提出了煤矿充填开采能够满足充填体自稳的强度 σ 的计算公式,即

$$\sigma = \gamma h + 0.05 \tag{3-68}$$

式中　σ——充填体强度,MPa;

　　　γ——充填体容重,MN/m³;

　　　h——充填体高度,m。

实践表明,该公式适用于直接顶厚度小于 2 m 的情况,当直接顶厚度大于 2 m 时该方法的计算结果具有一定的局限性。

作者认为,需要综合考虑充填成本和充填体的及时支撑作用,对充填材料的早期强度做出合理要求,以求既能满足对顶板的及时支护作用,又可以使成本最低。采用经验公式设计充填体早期强度,虽然可以保证其稳定性,但由于设计强度偏高,增加了胶结料用量,以致充填成本偏高。因此,需要提出一种新的充填体早期强度的确定方法。

前文理论研究给出了充填区顶板移动曲线方程(3-46),根据弹性地基梁理论可知,充填区顶板发生单位移动变形时,产生的作用力可表示为

$$\mathrm{d}P_t = k_t y_t \mathrm{d}x$$

于是

$$P_t = k_t \int_l^{l+u} \mathrm{e}^{-a_2 x} (C_1 \sin \alpha_2 x + C_2 \cos \alpha_2 x) \mathrm{d}x + \int_l^{l+u} q_1 \mathrm{d}x$$

根据力的相互作用原理,可得充填体的早期强度 σ_c 最小为

$$\sigma_c = \frac{k_t \mathrm{e}^{-a_2(l+u)} \{ (C_2 - C_1) \sin[\alpha_2(l+u)] - (C_1 + C_2) \cos[\alpha_2(l+u)] \}}{2\alpha_2} +$$
$$\frac{k_t \mathrm{e}^{-a_2 l} \{ (C_1 + C_2) \cos \alpha_2 l - (C_2 - C_1) \sin \alpha_2 l \}}{2\alpha_2} + q_1 u \tag{3-69}$$

式中　u——充填步距;其余同前文。

取计算参数:煤层埋深为 400 m,煤层弹性模量为 5 GPa,组合顶板岩梁厚度 4 m。当量弹性模量为 40 GPa,充填体弹性模量为 700 MPa,采高为 3 m,充填步距不同时,充填体早期强度的变化曲线如图 3-14 所示。

分析方程(3-69)可知,充填体早期强度与顶板弹性模量、厚度、采高、充填步距等因素有关。其中,充填步距对充填体早期强度的影响最显著,呈线性关系增加。

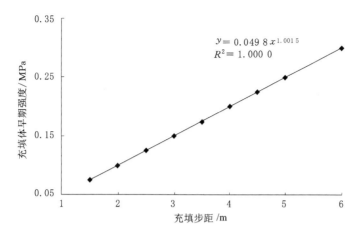

$$y = 0.049\ 8\ x^{1.001\ 5}$$
$$R^2 = 1.000\ 0$$

图 3-14   充填步距不同时充填体早期强度变化曲线

3.5   本章小结

（1）本章说明了膏体充填开采控制覆岩变形的力学原理，重点分析了控制覆岩变形的动态移动过程及其受力的转化过程。并在总结前人研究成果的基础上，建立了充填开采时的顶板岩梁力学模型，给出了极限充填步距和安全充填步距的计算式，分析了影响充填步距大小的主要因素，结果表明，充填开采时的充填步距与顶板岩层的厚度基本成正比，并随着岩层强度以及直接顶厚度的增大而增大。

（2）根据煤矿膏体充填开采工作面煤体、支架、充填体组成的支撑体系耦合作用的特点，建立了充填开采的组合顶板岩梁 Winkler 弹性地基力学模型，推导了充填体、支架和煤体三者共同作用与顶板挠曲线关系方程。

（3）基于弹性地基梁理论，给出了充填工作面支护强度以及充填体早期强度的计算式，为强度选择提供了理论依据，并分析了各自的影响因素以及变化特征。结果表明：支护强度与顶板厚度和弹性模量之间呈幂函数关系，而且随着顶板弹性模量和厚度的增加，支护强度逐渐降低；充填步距对充填体早期强度的影响最显著，呈线性关系增加。

4　膏体充填控制地表沉陷影响因素分析

　　煤矿膏体充填在煤矿的应用,将给我国煤矿企业的"三下"压煤开采带来新的变革。其控制地表沉陷的效果如何是决定该项技术能否推广应用的关键因素之一。因此,对膏体充填开采控制地表沉陷的影响因素分析显得尤为必要。

　　尽管充填开采技术的应用已有很长的历史,并且充填技术也有了长足的发展,但煤矿膏体充填开采技术在我国刚刚起步,充填开采地表沉陷预测理论的研究尚处于初级阶段。中国矿业大学瞿群迪采用空隙守恒定律进行充填开采地表沉陷的预测,但参数确定存在较大随机性,如空隙密度、空隙系数等,给预测结果的准确程度带来一定影响,本章试图利用充填开采岩层控制的关键岩梁理论,研究直接顶及下位基本顶下沉的影响因素,进而反映出充填开采控制地表沉陷的影响因素。

4.1　地表沉陷对建筑物的影响

　　开采对地表损害主要是因采动引起的地表变形,不同性质的地表移动变形对房屋的影响程度是不同的。而煤矿开采沉陷产生的建筑物破坏所造成的经济损失均在亿元以上,国有重点煤矿每年在这方面的投入均有上千万元。其破坏形式主要为以下几个方面:房屋产生裂缝、倾斜甚至倒塌;公路出现裂缝、破碎,铁路出现沉降、移动等破坏。

　　其中,地表沉陷对建筑物的影响主要有垂直方向的移动变形(下沉、倾斜、曲率)和水平方向的移动变形。由于地表产生移动变形,破坏了建筑物与地基之间的初始平衡状态,使地基反力重新分布,从而在建筑物上产生附加应力,导致建筑物变形和损坏。

　　不同性质的移动变形对建(构)筑物的影响是不相同的,有关移动变形对建(构)筑物的具体影响,本书不再赘述。除上述变形影响外,还有由它们引起的建筑物的扭曲变形、剪切变形影响。

　　对于村庄下采煤,受影响的房屋在横向方向的尺寸较小,剪切变形和扭曲变形的影响较小,一般不考虑。因此一般只考虑五种移动变形的影响,并主要考虑曲率和水平变形的影响。

4.2 "三下"压煤充填开采的设计原则

4.2.1 "三下"压煤开采原则

国家煤炭工业局《建筑物、水体、铁路及主要井巷煤柱留设与压煤开采规程》(2000)规定建(构)筑物下、铁路下、近水体安全采煤的原则(简称"三下"开采原则)是:在建(构)筑物下采煤时,对于零散建(构)筑物,受开采影响后经过维修能满足安全使用要求;对于大片建筑群,受开采影响后大部分建筑物不维修或小修,少部分建筑物经中修和个别经大修能满足安全使用要求;在铁路下采煤时,经采取措施不影响列车安全运行;在近水体采煤时,受影响的采区和矿井涌水量不超过其排水能力、不影响正常生产,以及地面水利设施经维修不影响正常使用。

建(构)筑物受开采影响的损坏程度取决于地表变形值的大小和建(构)筑物本身抵抗采动变形的能力。根据国家煤炭工业局《建筑物、水体、铁路及主要井巷煤柱留设与压煤开采规程》(2000),对于长度或变形缝区段内长度小于 20 m 的砖混结构建筑物,其损坏等级划分如表 4-1 所列。

表 4-1 砖混结构建筑物损坏等级

损坏等级	建筑物损坏程度	地表变形值			损坏分类	结构处理
		水平变形 ε /(mm/m)	曲率 K /(10^{-3}/m)	倾斜 i /(mm/m)		
I	自然间砖墙上出现宽度 1~2 mm 的裂缝	$\leqslant 2.0$	$\leqslant 0.2$	$\leqslant 3.0$	极轻微损坏	不修
	自然间砖墙上出现宽度小于 4 mm 的裂缝;多条裂缝总宽度小于 10 mm				轻微损坏	简单维修
II	自然间砖墙上出现宽度小于 15 mm 的裂缝;多条裂缝总宽度小于 30 mm;钢筋混凝土梁、柱上裂缝长度小于 1/3 截面高度;梁端抽出小于 20 mm;砖柱上出现水平裂缝,缝长大于 1/2 截面边长;门窗略有歪斜	$\leqslant 4.0$	$\leqslant 0.4$	$\leqslant 6.0$	轻度损坏	小修

损坏等级	建筑物损坏程度	地表变形值			损坏分类	结构处理
		水平变形 ε /(mm/m)	曲率 K /(10^{-3}/m)	倾斜 i /(mm/m)		
Ⅲ	自然间砖墙上出现宽度小于30 mm的裂缝；多条裂缝总宽度小于50 mm；钢筋混凝土梁、柱上裂缝长度小于1/2截面高度；梁端抽出小于50 mm；砖柱上出现小于5 mm的水平错动；门窗严重变形	≤6.0	≤0.6	≤10.0	中度损坏	中修
Ⅳ	自然间砖墙上出现宽度大于30 mm的裂缝；多条裂缝总宽度大于50 mm；梁端抽出小于60 mm；砖柱上出现小于25 mm的水平错动	>6.0	>0.6	>10.0	严重损坏	大修
	自然间砖墙上出现严重交叉裂缝、上下贯通裂缝，以及墙体严重外鼓、歪斜；钢筋混凝土梁、柱裂缝沿截面贯通；梁端抽出大于60 mm；砖柱上出现大于25 mm的水平错动；有倒塌的危险				极度严重损坏	拆建

根据《建筑物、水体、铁路及主要井巷煤柱留设与压煤开采规程》，符合下列条件之一者，建（构）筑物压煤允许开采：

（1）预计的地表变形值小于建（构）筑物允许地表变形值；

（2）预计的地表变形值超过建（构）筑物允许地表变形值，但经就地维修能够实现安全采煤，并符合"三下"开采原则；

（3）预计的地表变形值超过建（构）筑物允许地表变形值，但经采取本矿区已有成功经验的开采技术措施和建（构）筑物加固保护措施后，能满足安全正常使用要求。

根据《建筑物、水体、铁路及主要井巷煤柱留设与压煤开采规程》，符合下列条件之一者，建（构）筑物压煤允许试采：

（1）预计地表变形值虽然超过建（构）筑物允许地表变形值，但在技术上可行、经济上合理的条件下，经对建（构）筑物采取可靠的加固保护措施或有效的开

采技术措施后,能满足安全使用要求;

(2)预计的地表变形值超过允许地表变形值,但国内外已有类似的建(构)筑物和地质、开采技术条件下的成功开采经验;

(3)开采的技术难度较大,但试验研究成功后对于煤矿企业或当地的工农业生产建设有较大的现实意义和指导意义。

4.2.2 "三下"压煤充填开采设计原则

1. 地表变形值的控制范围

根据地表沉陷对建(构)筑物的影响分析,以及"三下"开采原则,结合砖混结构建筑物损坏等级划分,村庄等建筑物不搬迁充填开采的原则与要求是:受开采影响后大部分建筑物损坏等级在Ⅰ级范围内,不需要维修或仅需简单维修;少部分建筑物经小修、中修,个别建筑物经大修后能够满足安全使用要求。即开采引起的地表变形值要按以下范围进行控制:水平变形 $\varepsilon \leqslant 2.0$ mm/m,曲率 $K \leqslant 0.2 \times 10^{-3}$/m,倾斜 $i \leqslant 3.0$ mm/m。

2. 地表允许最大下沉值

地表最大下沉值反映了地表变形的剧烈程度,是各种开采沉陷预计理论的重要参数。地表的变形值与地表最大下沉值成正比,减小地表最大下沉值可有效降低开采对村庄等建筑物的损害程度。因此,要保证村庄等建筑物不搬迁安全开采,首先要确定地表允许最大下沉量,当然,由于煤层赋存条件的千差万别,保证村庄等建筑物不搬迁的地表允许最大下沉量在不同地点也各不相同。

根据矿山开采沉陷学理论与实践,尽管不同的开采方法地表变形值不同,但地表下沉盆地的分布形态是基本一致的,满足不迁村采煤(Ⅰ级破坏之内)的允许下沉系数与采厚、埋深的关系曲线如图 4-1 所示。图 4-1(a)为倾斜 $i = 3.0$ mm/m 时的允许下沉系数;图 4-1(b)为水平变形 $\varepsilon = 2.0$ mm/m 时的允许下沉系数。由于满足曲率 $K \leqslant 0.2 \times 10^{-3}$/m 对地表下沉系数的要求相对较低,图中不再列出。因此,充填开采满足上述不迁村采煤要求的地表允许最大下沉量为 W_{01}。

均匀的地表下沉不会使建筑物地基反力产生重新分布,也不会在建筑物上产生附加应力,因而不会使建筑物损害。但当地下潜水位高、地表下沉量大时,均匀下沉可使建筑物积水或地基受水软化,影响建筑物使用,甚至破坏。此时应考虑高潜水位条件下的地表允许最大下沉值 W_{02}。

地表突然下沉造成地表的不连续变形对建筑物的影响是明显的,防止地表突然下沉就成为村庄等建筑物下采煤所必须考虑的问题。实测资料也表明:关键层的破断导致地表的同步快速下沉,对于浅埋煤层,关键层对地表下沉控制的表现形式更为强烈和直观,关键层的破断往往造成地表出现地堑等剧烈破坏。

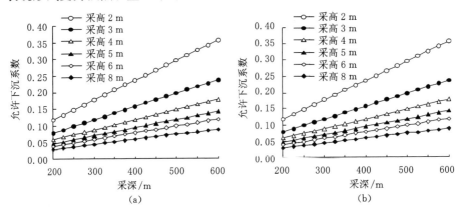

图 4-1　不迁村采煤允许下沉系数计算图

(a) 按倾斜要求;(b) 按水平变形要求

因此,在充填开采时,应保证上覆岩层中的直接顶及下位基本顶在充填体的支撑下不发生破断而保持稳定,从而起到支撑其上覆直至地表的岩层,控制地表沉陷。也就是说,充填开采时应考虑保证顶板组合岩梁不破断的地表允许最大下沉值 W_{03}。

综上所述,满足村庄等建筑物下不搬迁充填开采的地表允许最大下沉量为

$$W_0 = \min(W_{01}, W_{02}, W_{03})$$

在实际设计中,一般式(3-13)和式(3-16)先要计算关键层的极限跨距,再根据关键层的极限跨距及矿井开采的相关技术经济要求,确定合理的充填方法及其工艺参数;然后根据所采取的充填方法与工艺参数,以及充填开采的设计地表允许最大下沉量为

$$W_{0设} = \min(W_{01}, W_{02})$$

根据其大小来确定对采空区顶板管理、充填的接顶率、充填体的力学性能及其开采程度,并提出相关技术参数要求。

4.3　充填开采顶板岩层下沉的计算与分析

前文研究表明,充填开采岩层控制的关键是对直接顶及下位基本顶岩层的控制,进而起到控制其上覆直至地表岩层的变形作用,而对该部分岩层的控制效果最终会通过地表沉陷得到反映。因此,研究地表沉陷的影响因素就转化为研究直接顶及下位基本顶岩层下沉的影响因素。

4.3.1 顶板岩层下沉的计算

根据第 3 章的研究结果,建立充填开采顶板岩层下沉计算模型如图 4-2 所示,为便于分析顶板岩层的变形情况,沿工作面推进走向,取采空区中点作为坐标原点建立坐标系。

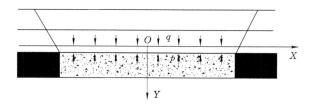

图 4-2 顶板岩层沉陷计算模型

由前文理论分析可知:地基岩梁的载荷 q 由直接顶岩层的重量 q_0、位于关键岩梁之上先行滑移破坏的若干岩层分层的重量 q_n[可由式(4-1)求出]以及关键岩梁自身的重量 q_z 组成。

$$q_n = \gamma_1 h_1 + \gamma_2 h_2 + \cdots + \gamma_n h_n \tag{4-1}$$

则地基岩梁的载荷为

$$q = q_0 + q_n + q_z \tag{4-2}$$

从弹性地基岩梁来(见图 4-2)看,挠度 y 与岩梁载荷 q、地基反力 p 三者之间的关系应满足地基梁挠曲的基本微分方程,即

$$EI \frac{\mathrm{d}^4 y}{\mathrm{d}x^4} = q - p \tag{4-3}$$

于是得出非齐次方程(4-3)的通解是

$$y = \mathrm{e}^{\beta x}(A\cos \beta x + B\sin \beta x) + \mathrm{e}^{-\beta x}(C\cos \beta x + D\sin \beta x) + q/k \tag{4-4}$$

考虑对称关系,取模型右侧($x>0$)进行分析可知:开采边界无穷远($x \to \infty$)处下沉值趋于某一定值。因此,充填开采下位顶板岩层挠曲线方程为

$$y = \mathrm{e}^{-\beta x}(C\cos \beta x + D\sin \beta x) \tag{4-5}$$

根据边界条件

$$y\big|_{x=0} = W_{max}; \frac{\mathrm{d}y}{\mathrm{d}x}\Big|_{x=0} = 0$$

由 $\dfrac{\mathrm{d}y}{\mathrm{d}x}\Big|_{x=0} = 0$,可得

$$D = W_{max} \tag{4-6}$$

由 $y\big|_{x=0} = W_{max}$,可得

$$C = W_{max} \tag{4-7}$$

因此,顶板岩层下沉量计算式为

$$y = W_{max} e^{-\beta x} (\cos \beta x + \sin \beta x) \tag{4-8}$$

同理。当 $x < 0$ 时,顶板岩层下沉计算式为

$$y = W_{max} e^{\beta x} (\cos \beta x + \sin \beta x) \tag{4-9}$$

W_{max} 为顶板岩层最大下沉值,可表述为

$$W_{max} = M_c \tag{4-10}$$

$$M_c = h_m + h_q + h_y + \nabla \tag{4-11}$$

M_c 定义为:充填开采的计算采厚(见图 4-3),又由几何关系可知

$$h_y = (M - h_m - h_q - \nabla)\varepsilon \tag{4-12}$$

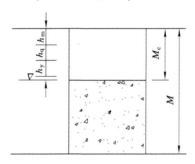

图 4-3　计算采厚示意图

将(4-12)代入(4-11),得计算采厚的计算式为

$$M_c = (h_m + h_q + \nabla)(1 - \varepsilon) + M\varepsilon \tag{4-13}$$

将(4-13)分别代入(4-8)和(4-9)整理,得出工作面顶板岩层下沉计算式为

$$\begin{cases} y = [(h_m + h_q + \nabla)(1 - \varepsilon) + M\varepsilon] e^{-\beta x} (\cos \beta x + \sin \beta x) + \dfrac{q}{k_t}, x \geqslant 0 \\ y = [(h_m + h_q + \nabla)(1 - \varepsilon) + M\varepsilon] e^{\beta x} (\cos \beta x - \sin \beta x) + \dfrac{q}{k_t}, x < 0 \end{cases} \tag{4-14}$$

式中　M——煤层的采厚;

　　　h_m——充填前顶底板移近量;

　　　h_q——充填欠接顶量;

　　　q——岩梁载荷;

　　　∇——顶底板岩层压缩量与底板浮煤压缩量之和;

　　　β——特征系数;

　　　I——岩梁的惯性矩;

　　　E——顶板岩梁的弹性模量;

y——岩梁挠度;

k_t——充填体的地基反力系数;

ε——充填体的压缩率。

《小屯矸石膏体充填综采技术鉴定报告》的研究结果表明,在埋深为 1 000 m,采高为 8 m,充填体的抗压强度为 1.5 MPa 时,达到充分采动后,充填材料压缩率为 1.5% 左右,而由计算式(3-7)可知,充填开采时覆岩载荷要远远小于模拟加载值,故造成的压缩率应该小于 1%;文献[55]的研究结果表明,三轴条件下,当轴向应力由 4 MPa 增加到 60 MPa 时,不同级配煤矸石压缩率应变为 1%～3%,因充填开采时,顶板岩层以裂隙破坏为主,基本不具备可压缩性,根据现场实测,浮煤厚度为 200 mm 左右。故∇值很小,忽略不计,顶板岩层下沉计算式为

$$\begin{cases} y=\left[(h_m+h_q)(1-\varepsilon)+M\varepsilon\right]e^{-\beta x}(\cos \beta x+\sin \beta x)+\dfrac{q}{k_t}, x \geqslant 0 \\ y=\left[(h_m+h_q)(1-\varepsilon)+M\varepsilon\right]e^{\beta x}(\cos \beta x-\sin \beta x)+\dfrac{q}{k_t}, x < 0 \end{cases} \tag{4-15}$$

4.3.2 不同影响因素下顶板岩层移动特征

以试验矿井小屯矿的条件为基础,利用式(4-15)研究膏体充填开采下位顶板岩层移动特征。

取计算参数:组合顶板岩梁的厚度为 12 m,当量弹性模量为 30 GPa;煤层埋深为 400 m;煤层的开采厚度为 2.8 m,充填体的弹性模量为 0.4 GPa,充填前顶底板移近量为 150 mm;充填体的压缩率为 3%,顶板岩层受力为 0.8 MPa。当充填欠接顶量为 100 mm、200 mm、300 mm 时,顶板岩层的下沉曲线如图 4-4 所示,顶板岩层的最大下沉量分别为 188 mm、255 mm、323 mm。

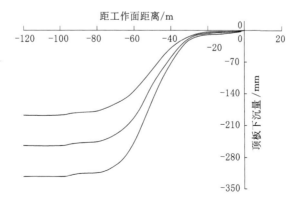

图 4-4 欠接顶量不同时的顶板下沉曲线

取计算参数:组合顶板岩梁的厚度为 12 m,当量弹性模量为 30 GPa;煤层埋深为 400 m;煤层的开采厚度为 2.8 m,充填体的弹性模量为 0.4 GPa,充填欠接顶量为 0 mm,充填体的压缩率为 3%,顶板岩层受力为 0.8 MPa。当充填前顶底板移近量分别为 100 mm、200 mm、300 mm 时,顶板岩层的下沉曲线如图 4-5所示,顶板岩层的最大下沉量分别为 163 mm、238 mm、298 mm。

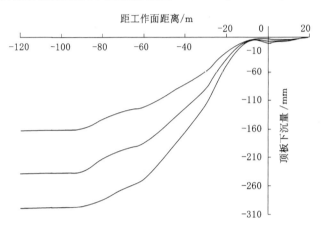

图 4-5　顶底板移近量不同时的顶板下沉曲线

取计算参数:组合顶板岩梁的当量弹性模量为 30 GPa,煤层埋深为 400 m;煤层的开采厚度为 2.8 m,充填体的弹性模量为 0.4 GPa,充填欠接顶量为 100 mm,充填前顶底板移近量为 150 mm,充填体的压缩率为 3%,顶板岩层受力为 0.8 MPa。顶板岩层厚度分别为 5 m、10 m、15 m 时,顶板岩层的下沉曲线如图 4-6所示,顶板岩层的最大下沉量分别为 255 mm、257 mm、256 mm。

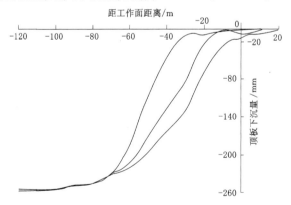

图 4-6　顶板岩梁厚度不同时的顶板下沉曲线

取计算参数:组合顶板岩梁的厚度为12 m,煤层埋深为400 m;煤层的开采厚度为2.8 m,充填体的弹性模量为0.4 GPa,充填欠接顶量为100 mm,充填前顶底板移近量为150 mm,充填体的压缩率为3%,顶板岩层受力为0.8 MPa。组合顶板岩梁的当量弹性模量分别为30 GPa、50 GPa、80 GPa时,顶板岩层的下沉曲线如图4-7所示,顶板岩层的最大下沉量均为240 mm。

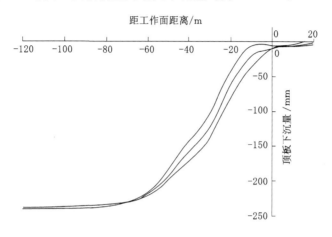

图4-7　顶板岩梁弹性模量不同时的顶板下沉曲线

取计算参数:组合顶板岩梁的当量弹性模量为30 GPa,厚度为12 m,煤层埋深为400 m;煤层的开采厚度为2.8 m,充填欠接顶量为100 mm,充填前顶底板移近量150 mm,充填体的压缩率为3%,顶板岩层受力为0.8 MPa。充填体的弹性模量分别为0.4 GPa、0.6 GPa、0.9 GPa时,顶板岩层的下沉曲线如图4-8所示,顶板岩层的最大下沉量分别为239 mm、238 mm、238 mm。

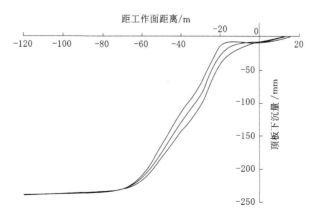

图4-8　充填体弹性模量不同时的顶板下沉曲线

取计算参数:组合顶板岩梁的当量弹性模量为 30 GPa,厚度为 12 m,煤层埋深为 400 m;煤层的开采厚度为 2.8 m,充填欠接顶量为 100 mm,充填前顶底板移近量为 150 mm,充填体的弹性模量为 0.4 GPa,顶板岩层受力为 0.8 MPa。充填体的压缩率分别为 3%、6%、12%时,顶板岩层的下沉曲线如图4-9所示,顶板岩层的最大下沉量分别为 255 mm、315 mm、451 mm。

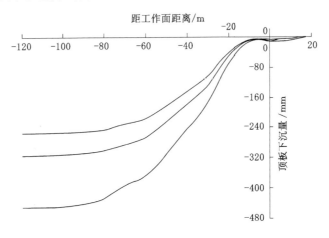

图 4-9　充填体压缩率不同时的顶板下沉曲线

取计算参数:组合顶板岩梁的当量弹性模量为 30 GPa,厚度为 12 m,煤层埋深为 400 m;煤层的开采厚度为 2.8 m,充填欠接顶量为 100 mm,充填前顶底板移近量为 150 mm,充填体的弹性模量为 0.4 GPa,充填体的压缩率为 3%。顶板岩层受力分别为 0.2 MPa、0.4 MPa、0.8 MPa 时,顶板岩层的下沉曲线如图4-10所示,顶板岩层的最大下沉量分别为 226 mm、256 mm、263 mm。

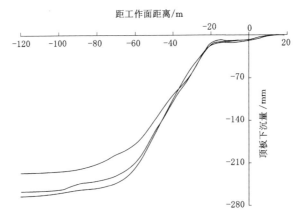

图 4-10　受力水平不同时的顶板下沉曲线

综合图 4-4～图 4-10 分析可知：充填开采工作面顶板岩层下沉曲线的状态与其弹性模量、岩梁厚度、所受载荷、充填欠接顶量、充填前顶底板移近量、充填体弹性模量、充填体压缩率有关。其中，充填开采时顶板岩层的下沉变形值不随着顶板的厚度、顶板的弹性模量、充填体弹性模量的改变而改变，它们的变化仅仅改变下沉曲线的形态，对下沉曲线最大值的大小无影响。

顶板岩层下沉的最大值主要取决于充填前顶底板移近量、充填欠接顶量、充填体的压缩率、顶板岩层所受载荷。其中，当欠接顶由 0 增加到 200 mm 时，顶板下沉量增加了 75％；当顶底板移近量由 100 mm 增大到 300 mm 时，顶板岩层的下沉值增加了 97％；当充填体的压缩率由 0.03 增加到 0.06 时，对应的顶板岩层下沉值增加了 74％；同样，当顶板岩层载荷由 0.2 MPa 变为 0.8 MPa 时，顶板岩层的下沉值则由 210 mm 增加到了 268 mm。

上述仅仅考虑单因素影响下顶板岩层下沉量的变化情况，但实际过程中，各个因素是相互制约、相互影响的。为了进一步分析各影响因素的影响程度，下面采用正交设计方法对其进行分析。

4.3.3　顶板岩层下沉影响因素分析

前文对充填工作面顶板岩层下沉的特征进行了分析，结合现场实践表明，这些因素往往是综合作用影响着顶板岩层的下沉量。

为了使工作的重点突出，避免盲目投入人力、物力而造成浪费，必须对影响因素进行必要的主次分析。在实际工作中，想通过一种简单的方法对众多因素的影响进行分析是不现实的，也是不可能的。本书采用正交设计法对影响顶板岩层下沉四个主要因素进行影响程度分析，进一步明确顶板岩层移动影响因素的主次关系，即因素变化时，顶板岩层下沉的变化趋势。

传统分析影响因素的方法有孤立变量法和全面试验法。所谓孤立变量法，是指固定其他变量，改变众多变量中的一个，分析其结果如何，该方法考虑的影响因素不全面，代表性差，且给不出试验的误差估计。所谓全面试验法，就是考虑各个因素的交互作用，设计出全部的试验方案进行试验，对事物内部的规律性可以剖析得比较清楚，该方法要求的试验次数太多，实际上是不可能做到的。正交设计是一种既能保证较少的试验次数，又能进行误差估计分析的能够科学地安排多因素试验方案和有效地分析试验结果的好方法。它吸收了上述两种方法的优点，克服了它们的缺点。正交设计是用一套编好的正交表（表 4-2），从众多因素的全面试验中，挑选出次数较少但很有代表性的组合去做试验，通过较少的试验，并经过简单的计算，就能找出较明显的影响因素。

根据影响因素的情况，选用对口正交表为 $L_9(3^4)$。按照该设计表需要进行的试验方案及其极差计算结果如表4-2所列。其中，A、B、C、D分别表示顶底板移近量、欠接顶量、充填体压缩率、顶板岩层所受应力四个影响因素。参照相应的试验方案，将方案参数代入顶板岩层下沉计算式(4-15)，取距离工作面后方90 m处的计算结果，如表4-2所列。

表 4-2 $L_9(3^4)$ 试验方案与极差计算结果

因 素	A. 顶底板移近量/m	B. 欠接顶量/m	C. 充填体压缩率/%	D. 所受应力/MPa	顶板岩层最大下沉量计算结果/mm
列号 试验号	1	2	3	4	
1	1(0.1)	1(0.1)	1(3)	1(0.2)	197
2	1(0.1)	2(0.2)	2(6)	2(0.4)	362
3	1(0.1)	3(0.3)	3(9)	3(0.6)	556
4	2(0.2)	1(0.1)	3(9)	2(0.4)	421
5	2(0.2)	2(0.2)	1(3)	3(0.6)	426
6	2(0.2)	3(0.3)	2(6)	1(0.2)	448
7	3(0.3)	1(0.1)	2(6)	3(0.6)	491
8	3(0.3)	2(0.2)	3(9)	1(0.2)	497
9	3(0.3)	3(0.3)	1(3)	2(0.4)	534
K_1	1 115	1 109	1 157	1 142	总和 3 932
K_2	1 295	1 285	1 301	1 317	
K_3	1 522	1 538	1 474	1 473	
$\overline{K}_1$	372	370	386	381	
$\overline{K}_2$	432	428	434	439	
$\overline{K}_3$	507	513	491	491	
R	135	143	105	110	

在表4-2各列的下方，分别算出了各水平相应的3次最大下沉量之和K_1、K_2、K_3和平均下沉量$\overline{K}_1$、$\overline{K}_2$、$\overline{K}_3$及其极差R，其计算方法如下：

对第1列K_i和$\overline{K}_i$值：

$K_1 = 197 + 362 + 556 = 1\ 115$（第1、2、3号试验下沉量之和）。

$K_2 = 421 + 426 + 448 = 1\ 295$（第4、5、6号试验下沉量之和）。

$K_3 = 491 + 497 + 534 = 1\ 522$（第7、8、9号试验下沉量之和）。

$$\overline{K}_1 = \frac{K_1}{3} = \frac{1\ 115}{3} \approx 372,\ \overline{K}_2 = \frac{K_2}{3} = \frac{1\ 295}{3} \approx 432,\ \overline{K}_3 = \frac{K_3}{3} = \frac{1\ 522}{3} \approx 507。$$

其他各列的 K_i 和 $\overline{K}_i$ 值的计算方法与第 1 列相同。

各列的极差 R,由各列的 K_1、K_2、K_3(或 $\overline{K}_1$、$\overline{K}_2$、$\overline{K}_3$)3 个数中用最大数减最小数求得,这里采用 $\overline{K}_1$、$\overline{K}_2$、$\overline{K}_3$ 中的最大数减去最小数求得。极差的大小,用于衡量相应因素对下位顶板下沉影响作用的大小。极差大的因素是重要影响因素,极差越小,相应因素对覆岩下沉影响作用越小。各因素与控制下位顶板岩层下沉量的关系趋势如图 4-11 所示。

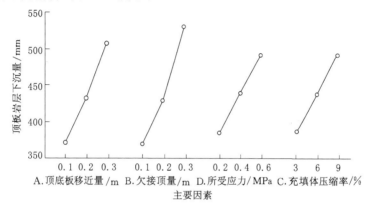

图 4-11　各主要因素与顶板岩层下沉量之间的关系

通过趋势图也可分析得出:B 因素图形的波动最大,是主要因素;A 因素图形的波动次之,是次要因素;C 因素图形的波动最小,是第 4 位的影响因素。

综上可知,影响顶板岩层下沉的 4 个最重要的因素中,应采取不同的措施以控制顶板岩层下沉。首先需要加强工作面充填质量的管理,进一步完善充填工艺,保证充填隔离墙的密闭性,以控制充填欠接顶量。其次,保证工作面支架初撑力和工作阻力达到规程要求,以减少充填前顶底板移近量。第三,按照合理的级配配制合格的充填浆体,减少泌水率,以降低充填体压缩率。顶板岩层载荷主要受采动程度和顶板力学性质影响,属于不可控因素。

4.3.4　岩层移动稳定性判据

理论上,充填开采时,充入膏体和采出的煤炭资源等量(体积和质量),则可实现顶板岩层的绝对稳定,但由于工作面管理和充填工艺问题,相当于开采计算采厚的煤层(见图 4-6)。因此,充填开采岩层稳定性判据可表示为

$$M_c \leqslant M_{\max} \tag{4-15}$$

将式(4-11)和式(4-12)代入式(4-15),可得

$$h_m + h_q \leqslant \frac{M_{max} - M\varepsilon}{1-\varepsilon} \qquad (4\text{-}16)$$

式中　M_{max}——地表建筑保护允许最大采高,m。

其他符号同前文。

4.4　充填开采的减沉机理

全部垮落法管理顶板时,随着工作面的推进,采空区顶板岩层首先在自重及上覆岩层重力的作用下,产生向下的移动和弯曲,当其内部应力超过岩石的抗拉强度时,直接顶首先断裂、破碎并相继发生垮落,而基本顶岩层则以岩梁的形式沿层面法向移动、弯曲,进而产生断裂、离层,这一过程随着工作面推进的不断重复,直至上覆岩层达到新的应力平衡状态,此时在地表形成比采空区大得多的下沉盆地。从上述分析可以看出,岩层移动的主要原因是煤炭的开采打破了上覆岩体的应力平衡状态,而垮落岩石的碎胀有效地减少了上覆岩体的下沉空间,是岩层移动停止的关键。

膏体充填开采时,充填材料充填采空区,充填的浆体占据了采煤形成的绝大多数空间,膏体料浆经过充分压实后可恢复其承载能力,限制了顶板下沉量,这是充填开采能够有效控制上覆岩层移动和减轻地表沉陷的主要原因,同时充填体也由双向应力状态转变为三向应力状态,因此,充填开采后期岩层移动也主要表现为充填体的压缩沉降,主要依靠充填支撑体系的密实程度来阻止上覆岩层下沉。因此,要使充填开采取得理想的减沉效果,关键是控制充填前顶板下沉量、充填欠接顶量以及提高充填体的抗压缩性能。

同时,恢复承载能力的充填体支撑体系能够将覆岩移动产生的应力转移到煤层底板深处,从而有效地防止了覆岩的整体失稳,减弱了充填开采工作面的矿压显现。

4.5　本章小结

(1)本章对煤矿开采时地表沉陷对建筑物带来的影响和目前我国"三下"压煤开采的原则进行了概括总结,对村庄下压煤充填开采的设计原则进行了说明,提出了村庄下压煤膏体充填开采的地表变形控制要求,说明了充填开采对岩层控制的基本要求。

(2)建立了充填开采顶板岩层下沉量计算模型,得出顶板岩层下沉曲线方

程,分析了顶板岩层下沉的影响因素。结果表明:充填开采顶板岩层下沉随着下位顶板岩层的厚度、顶板的弹性模量、充填体的弹性模量的改变而改变,但仅改变下沉曲线的形态,对顶板下沉量的大小无影响,影响下沉值的主要因素为充填欠接顶量、充填前顶底板移近量、顶板岩层所受载荷以及充填体的压缩率。

(3)采用正交试验分析法对顶板岩层移动的主要影响因素作了进一步分析,结果表明:充填欠接顶量、充填前顶底板移近量对顶板岩层移动的影响最大,充填体压缩率对其影响最小,根据分析结果,从不同的角度提出了控制顶板岩层下沉的具体技术措施。

(4)从地表沉陷控制的极限要求出发,提出了充填开采岩层移动稳定性的判据,分析了充填开采的减沉机理,指出了提高膏体充填减沉效果的关键是控制充填前顶底板移近量、充填欠接顶量以及提高充填体的抗压缩性能。

5 充填开采地表沉陷预测模型研究

充填开采顶板岩层不会出现垮落,只出现裂隙带和弯曲下沉带,而且充填开采时顶板岩层下沉的最大值最终要以地表沉陷的形式表现出来,两者在数值上相等。故可根据顶板岩层的最大下沉值对地表沉陷进行预测研究。本章从研究顶板岩层下沉着手,试图建立充填开采地表沉陷预测模型,并对试验矿井地表变形情况进行预测分析。

5.1 充填材料的压缩性能分析

第 4 章研究结果表明,充填材料的压缩性能是影响充填开采顶板岩层下沉的重要因素之一。因此,有必要对充填材料的压缩性能进行全面系统的研究,掌握其规律。

5.1.1 单轴压缩试验

针对小屯矿膏体充填材料进行不同配比的试验,确定出适合小屯矿膏体充填开采的最优配比。大量的膏体充填体单轴压缩试验表明,不同配比条件下充填体的全应力-应变曲线形状基本一致,即它们有着共同的规律,表现出明显的塑性变形特征。图 5-1 是小屯矿膏体充填材料的全应力-应变曲线,充填材料由膏体充填胶结料、煤矸石、粉煤灰配制而成。将其制成 $\phi 50 \text{ mm} \times 100 \text{ mm}$ 圆柱形试件,试验采用 WDW-E50D 型电子式电液伺服试验机。充填材料的全应力-应变过程可分为 5 个阶段:

(1)第 1 阶段为 OA 段,该段是充填体压缩过程,特点是曲线的斜率逐渐增大,曲线上弯,随应力的加大,变形随之增大。

(2)第 2 阶段为 AB 段,该段为弹性阶段,主要特点是曲线近似为直线,即曲线斜率为常数,此段随应力的增加,应变增量很小。

(3)第 3 阶段为 BC 段,主要特点是曲线下弯,即曲线斜率逐渐减小,此段在载荷作用下,不断产生纵向裂隙导致充填体的支撑力达到极值 C 点,即峰值强度。

(4)第 4 阶段为 CD 段,该段为应力软化阶段,在此阶段内,充填体内的裂隙将不断扩展,抗压能力逐渐降低,直到 D 点,充填体丧失承载能力,只剩残余强度。这一阶段充填体内部已经遭到一定程度的破坏,只保留有一定的残余强度,能够承受一定的载荷。

(5) 第 5 阶段为 D 点以后,该段为残余变形阶段,在此阶段,随着应变的继续增加,材料的抗压强度基本维持在残余强度水平。

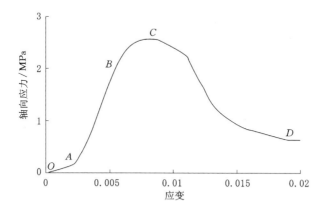

图 5-1 充填体单轴压缩全应力-应变曲线

从图 5-1 可以看出:当轴向应变达到 0.8% 时,膏体充填材料达到峰值强度 2.58 MPa。在峰值强度之前,膏体充填材料径向应变很小,达到峰值强度以后继续加压,膏体充填材料呈塑性软化特性,其强度随应变的增加逐渐减小。当轴向应变达到 1.8% 时,膏体充填材料的抗压强度为 0.8 MPa,约为峰值强度的 31%,表明膏体充填材料具有良好的塑性特征。

5.1.2 三轴压缩试验

文献[109]对充填材料进行了三轴压缩试验,试验在 MTS815.02 型电液伺服试验机上进行,安排了 3 种不同强度(其中 $1^{\#}$ 充填材料的单轴抗压强度为 0.5 MPa,$2^{\#}$ 充填材料的单轴抗压强度为 1.2 MPa,$3^{\#}$ 充填材料的单轴抗压强度为 1.9 MPa)充填材料的三轴压缩试验,并考虑了 3 种不同围压条件,分别为 $\sigma_r = 0.5$ MPa、1.0 MPa、2.0 MPa,试验结果如图 5-2 所示。

从图 5-2 可以看出,围压对充填材料变形性能以及充填材料的强度影响十分明显。3 种不同强度的充填体即使在围压只有 0.5 MPa 的条件下,均表现出了典型的塑性强化特征。但是,不同强度的充填材料表现的塑性强化程度有所差异;单轴抗压强度较低的充填材料,3 种围压条件下,即使轴向应变达到 10%,都一致呈现塑性强化特征,如图 5-2(a)所示,而单轴抗压强度较高的充填材料,在低围压情况下,先表现为塑性强化特征,在应变达到 5% 左右以后继续变形,又表现出塑性软化特征,如图 5-2(c)所示。总体上看,一般围压接近或达到充填体的单轴抗压强度水平,充填材料在试验的应变范围内将不出现应变软化。

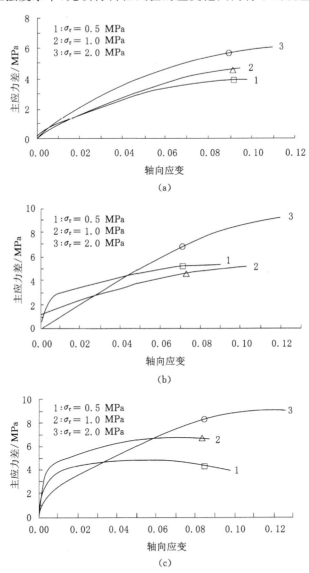

图 5-2   膏体充填材料三轴压缩应力-应变关系

(a) 1# 充填材料;(b) 2# 充填材料;(c) 3# 充填材料

另外,在围压的作用下,充填材料内部的孔隙闭合使充填材料密实,围压越大,充填材料压实程度越大,抗压强度亦越大,残余强度也增大。

膏体充填材料在低围压下表现出明显的塑性强化特征非常重要,充填区充填材料的受力环境与之类似,因此,在膏体充填开采煤的设计中可适当降低充填体的强度要求,降低充填材料成本,取得更好的经济效益。

5.1.3　充填材料的时间相关性试验

根据小屯矿充填开采的现场配比在实验室配制充填材料,并做成直径 50 mm、高 100 mm 的圆柱体,放入养护箱养护 28 d。然后将试件加工成端面平行的圆柱形试件,进行三轴压缩蠕变试验。试验采用 MTS815.02 型电液伺服岩石力学试验机,如图 5-3 所示。

试验过程是试验机先等速加载到设定围压(5 MPa),然后等速加载到设定轴向应力并保持应力不变,进行充填材料的蠕变试验,共进行 4 组试验。针对膏体充填试验矿井的具体情况,试验最大应力为 15 MPa。根据表 5-1 中试验参数进行蠕变试验。

图 5-3　充填材料蠕变试验机

表 5-1　　　　　　　　　　试验参数表

项目 \ 组号	1	2	3	4
加载速度/(mm/min)	1	2	4	6
保持应力/MPa	2.5	5	10	15
持续时间/min	300	300	300	300

对所测数据进行回归分析后,得出侧压系数(轴向应力与围岩之比)变化时,充填材料蠕变特性曲线如图 5-4 所示。分析上述试验所取得的膏体材料压缩特性曲线具有如下特点:

(1)加载初期的蠕动变形发展迅速,达到相对稳定状态时间很短。充填材料在加载 0.5 h 左右;其蠕变量就已达到相对稳定状态的 70% 以上;加载 3 h 后,则达到 90% 以上;随后,就进入相对稳定状态。这个过程充填体对顶板的支撑是被动支撑,即支撑是靠顶板岩层下降来实现的。因此,充填过程中,要尽量充满采空区,使充填材料接顶,这样可以使顶板下沉量很小时,充填材料就能对其产生较大的支撑作用。

（2）随着受力水平的增大,膏体材料蠕变性能无明显增加,而是随着时间的延续,位移虽然有一定量的增加,但仅占总变形的 2%～4%,最终其应变趋于某一稳定值,这说明膏体充填材料未发生明显蠕变。这种特性有利于维持顶板岩层的长期稳定。

（3）围岩一定的条件下,充填材料的压缩率随侧压系数的增大而增加,其压缩变形主要在加载期间完成,当侧压系数为 3（轴向应力为 15 MPa）时,充填材料的压缩率为 3.9%,而当侧压系数为 0.5（轴向应力较小为 2.5 MPa）时,充填材料的压缩率为 0.45%,其压缩率仅为侧压系数为 3 时的 11.5%。

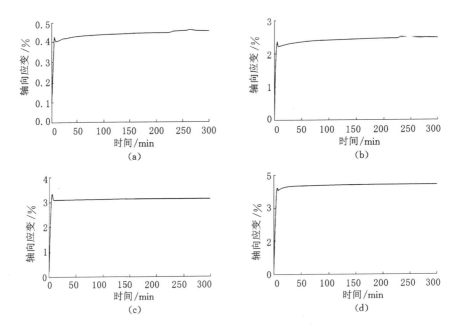

图 5-4　侧压系数变化时充填材料蠕变特性曲线
（a）侧压系数 λ＝0.5；（b）侧压系数 λ＝1；
（c）侧压系数 λ＝2；（d）侧压系数 λ＝3

需要指出的是,充填开采时,采空区充填材料处于水饱和状态,游离态的水始终存在于充填体之内;而进行充填材料蠕变压缩试验时,试件内游离态的水在养护期间就完全或部分失去,造成试件内空隙增多,最终导致充填材料的压缩率偏大。

5.2 开采沉陷模型的理论基础

5.2.1 顶板岩层下沉的组成

依据前文的研究成果,并结合试验矿井的实际情况可知:小屯矿膏体充填开采顶板岩层下沉变形最主要的影响因素为:充填体的压缩量 δ 以及充填前顶底板移近量 h_m 和充填欠接顶量 h_q。因此,顶板岩层最大下沉量的组成关系式如下

$$W = \delta + h_m + h_q \tag{5-1}$$

5.2.2 各组成的主要影响因素

1. 充填前顶底板移近量的影响因素

通过现场实测分析,可知影响充填前顶底板移近量的主要因素有以下几点:

(1)充填区顶板类型:为不稳定型顶板,容易发生破碎冒落。

(2)工作面的支护强度。

(3)工作面关键岩梁顶厚度:岩梁越厚,刚度越大,越不容易下沉变形。

(4)上覆关键岩梁的弹性模量:弹性模量越大,岩梁的弯曲刚度越大,越是有利于降低顶底板移近量。

(5)充填步距:在工作面条件一定时,充填步距越大,顶底板移近量愈大。

2. 充填体的压缩性能影响因素

通过充填材料压缩性能试验可知,充填体变形的影响因素主要有以下几个方面:

(1)开采深度:开采深度越大,产生的支承力越大,压缩量越大。

(2)开采厚度:开采的厚度越大,充填体受力后的压缩量越大。

(3)充填体的抗压强度:充填体抗压强度越大,其刚度越大,压缩量越小。

3. 充填欠接顶量

通过现场观测分析,可知影响充填欠接顶量的主要因素有以下几点:

(1)充填区顶板类型:为不稳定型顶板,容易发生破碎冒落。

(2)上覆关键岩梁的弹性模量。

(3)工作面关键岩梁顶厚度。

(4)充填步距:工作面条件一定时,充填步距越大,顶板下沉量越大。

5.2.3 各组成的计算

1. 充填前顶底板移近量计算

文献[113]中结合具体试验矿井太平煤矿条件,对充填开采时顶板下沉量进行了较为深入的研究,结果表明:煤矿膏体充填工作面每米推进度顶板下沉量与支护强度、采高等的关系基本符合如下经验公式,即

$$s = 200\left[(1-k_{\mathrm{f}})M\right]\frac{3}{4} \cdot \left(\frac{340}{P} + 0.30\right)/H^{\frac{1}{4}}$$

式中　　s——每米推进度顶板下沉量,mm/m;

　　　　k_{f}——充填系数(冒落法开采时,$k_{\mathrm{f}}=0$;风力充填法开采时,$k_{\mathrm{f}}=0.5$;水砂充填法开采时,$k_{\mathrm{f}}=0.8$;膏体充填时,$k_{\mathrm{f}}=0.80\sim0.98$);

　　　　M——采高,m,取 0.8 m$<M<$3.0 m;

　　　　H——开采深度,m,取 100 m$<H<$1 000 m;

　　　　P——每米支护阻力,kN/m,取 200 kN/m$<P<$2 600 kN/m。

对于试验矿井小屯矿膏体充填首采工作面,采高为 2.8 m,采深为 410 m,充填支架的支护阻力为 460 kN/m,可以计算出充填系数与每米推进度顶板下沉量的关系如图 5-5 所示。

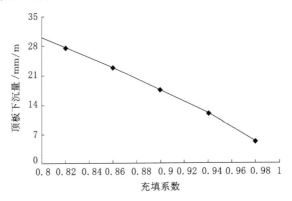

图 5-5　顶板下沉量与充填系数关系图

小屯矿膏体充填采用专门液压充填支架,支护强度比统计到的水砂充填工作面提高 1 倍左右,只要隔离措施能够保证,充填系数有条件提高到 0.90~0.96,从图 5-5 可以看出顶板每米推进度下沉量为 8~18 mm/m,又已知采用的充填支架顶梁长度为 4.2 m,梁端距为 0.4 m,充填步距为 1.7 m,最大控顶区为 6.3 m,通过现场实测充填前顶底板移近量为 50~100 mm,平均为 80 mm,与理论计算值 50~115 mm 基本相符。若要进一步减少充填前顶底板移近量,则应

加强工作面管理,提高支架的初撑力和工作阻力。

2. 充填体压缩量计算

根据压缩性能试验的结果可知:小屯矿膏体充填材料压缩性能随着受力的增加而增强。按照充填材料受力达到最大值 11 MPa 计算,对比图 5-4(c)中可知该应力水平下的材料压缩率为 3.5%,实验室试验结果显示,充填材料的泌水率为 3%～6%。在试验矿井采高为 2.8 m 的条件下,按泌水率为最大值计,由于泌水产生压缩量为 72 mm,充填体受力压缩量最大为 98 mm,共计产生的压缩量为 170 mm。

3. 充填欠接顶量计算

充填欠接顶量是指对充填区进行充填结束后,沿工作面走向方向的充填浆体的高度与工作面采高的差值的平均值,记为 h_q,该值为实测统计值,与充填隔离效果和顶板破碎程度有关。同时,充填欠接顶量的大小与工作面管理有很大的关系,主要体现在如何处理好充填工作面产量和控制欠接顶量之间的关系。因此,充填质量管理是控制充填欠接顶量的关键所在。根据试验矿井的实际地质条件和工作面情况,采用了专门的膏体充填支架,控制了充填欠接顶量,通过小屯矿 90 个充填班充填欠接顶量现场实测结果的统计,其平均值基本为 140～190 mm。

综上可知,将上述各值代入计算式(5-1)得到试验矿井小屯矿膏体充填开采地表下沉最大值为 360～460 mm。

5.3 开采沉陷模型及预测分析

5.3.1 充填开采沉陷模型

上节内容分析了充填开采顶板岩层下沉量的主要组成及其计算方法,于是充填开采地表沉陷值 W_0 计算关系式为

$$W_0 = W\eta_0 = (\delta + h_m + h_q)\eta_0 \tag{5-2}$$

式中　η_0——顶板岩层破坏程度影响系数,无垮落带时取 1,否则,取小于 1。

此时,根据地表下沉系数定义,得充填开采地表下沉系数 η 计算式为

$$\eta = \frac{W\eta_0}{M} \tag{5-3}$$

式中　M——膏体充填开采高度,m;

　　　　W——直接顶岩层的最大下沉量,m;

　　　　η——充填开采地表下沉系数。

前文研究得到顶板岩层下沉值代入式(5-2)中,可得小屯矿充填开采地表最大下沉量为360~460 mm,将该值代入式(5-3)中,即可得膏体充填地表下沉系数为0.12~0.16。

5.3.2 充填开采地表变形预测

以上分析了充填开采地表沉陷计算方法,并预测出小屯矿充填开采地表最大下沉量为460 mm,下沉系数为0.16。如前所述,充填开采顶板岩层下沉导致其上覆岩层的下沉变形,最终形成地表开采沉陷仍服从垮落法开采的相关规律。

本节利用中国矿业大学基于概率积分法专门开发的开采沉陷预测软件(MSPS),并结合小屯矿具体条件和地表移动参数,预测小屯矿充填开采上、下分层后的地表下沉、地表倾斜和水平变形情况。工作面布置如图5-6所示。顶分层充填开采完毕后,地表下沉、倾斜变形和水平变形等值线如图5-7~图5-9所示。

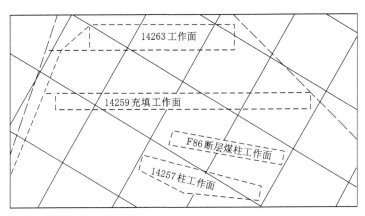

图 5-6   工作面布置图

由图5-7~图5-9可知:14259顶分层膏体充填工作面开采以后南旺村地表累计最大下沉量为480 mm,倾斜变形最大值为2.2 mm/m,水平变形最大值为1.2 mm/m。根据原国家煤炭工业局制定的《建筑物、水体、铁路及其主要井巷煤柱留设与压煤开采规程》(2000),砖混结构房屋Ⅰ级损坏的变形值为:水平变形≤2.0 mm/m,倾斜变形≤3.0 mm/m,可以看出,14259顶分层膏体充填工作面开采以后,南旺村房屋损坏总体仍然在Ⅰ级损坏范围内。上述充填开采顶分层时,预测地表最大下沉值为480 mm,与理论计算值460 mm基本一致。

对图5-6布置的膏体充填工作面两个分层全部采完以后地表沉陷、倾斜变

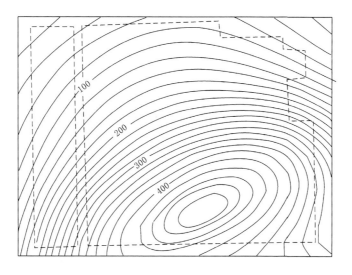

图 5-7 首采面充填开采后地表下沉等值线图(单位:mm)

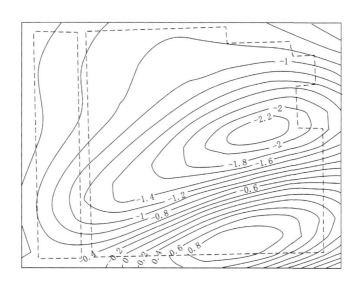

图 5-8 首采面充填开采后地表倾斜变形等值线图(单位:mm/m)

形和水平变形的进行预测,结果如图 5-10~图 5-12 所示。由图 5-10~图 5-12 可知,膏体充填工作面两个分层全部采完以后,南旺村地表累计最大下沉量为 700 mm,倾斜变形最大值为 2.75 mm/m,水平变形最大值为 1.8 mm/m,仍然 控制南旺村房屋损坏在Ⅰ级损坏范围内。膏体充填开采在部分条带开采的条件 上进行的,这种情况的地表最大下沉量只有全部条带开采地表最大下沉值的

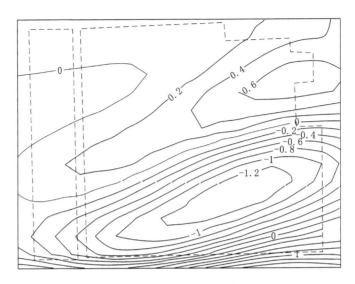

图 5-9　首采面充填开采后地表水平变形等值线图(单位:mm/m)

70%(条带开采预计地表最大下沉值为 1 000 mm)。

　　需要指出的是,上述地表变形预测结果是按照膏体充填开采顶板岩层下沉量的上限(最大值 460 mm)考虑的。即使如此,仍然能够满足村庄保护开采的要求,在充填开采过程中,只要加强工作面顶板管理以保证支架初撑力达到相关要求,同时,保证充填隔离墙的密闭效果以确保充填质量,实际地表沉陷最大值与变形量应该更小,能够保证南旺村庄的建筑物安全。

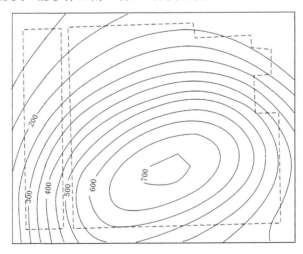

图 5-10　全部充填开采后地表下沉量等值线图(单位:mm)

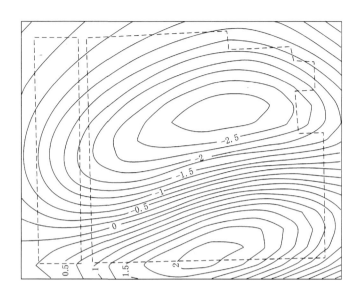

图 5-11　全部充填工作面开采后地表倾斜变形量等值线图(单位:mm/m)

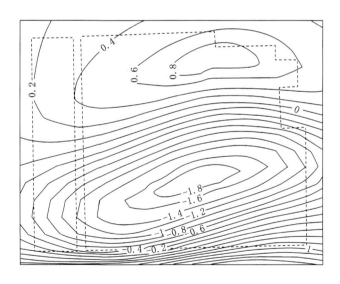

图 5-12　全部充填工作面开采后地表水平变形量等值线图(单位:mm/m)

5.4 本章小结

（1）以试验矿井小屯矿充填原材料为基础,进行了充填材料的抗压缩性能试验,包括单轴压缩、三轴压缩以及蠕变试验。结果表明:膏体充填材料受压时具有塑性变形特性,并在围压下表现出明显的塑性强化特性;充填材料受力变形主要在加载期间完成,并且无明显蠕变现象。

（2）分析了膏体充填开采顶板岩层下沉量的组成及其影响因素,明确了膏体充填开采地表沉陷组成的计算式和确定方法,对地表变形情况进行了预测,探究了充填开采地表下沉系数的计算方法。

（3）结合试验矿井小屯矿的具体条件,对地表变形情况进行了预测研究,结果表明:小屯矿膏体充填开采过程中,在加强工作面顶板管理和保证较好充填效果的前提下,能够控制南旺村房屋损坏在Ⅰ级损坏范围内。

6 膏体充填开采的数值模拟研究

由于煤矿膏体充填开采技术刚刚起步,虽然已经得到一些煤矿企业的重视,并逐渐扩大其推广应用范围,但是还未具备通过现场实测系统地总结采空区充填后采场矿山压力显现规律和地表沉陷控制规律的条件,数值模拟是研究采空区充填后采场矿压规律和地表沉陷规律的有效方法之一,近年来发展起来的快速拉格朗日分析(FLAC)法已被程序化、实用化,其基本原理类同于离散单元法,并被广泛应用。如谢和平等利用 FLAC 对鹤壁四矿开采沉陷进行了预测研究,王树仁等运用 FLAC 研究了采场覆岩运移规律及应力场的变化特征,均取得了较为满意的结果。

本章利用 FLAC 软件进行相关模拟,分析采深、顶板类型、顶板厚度、充填体强度不同的条件下,充填工作面顶板岩层受力变化以及地表变形特征,以掌握充填工作面覆岩活动规律。

6.1 数值分析软件的简介与选择

FLAC(Fast Lagrangian Analysis of Continue)是以岩石力学理论为基础,以介质物理力学参数和地质构造特性为计算依据,建立在客观反映原型(地质体的几何形态与物理状态)和仿真动态演化过程力学效应基础上的一种新型数值方法。虽然其基本原理类同于离散元法,但却可与有限元一样适用于多种材料模式与边界条件非规则区域的连续性问题求解,而且计算中利用的"混合离散化"技术可针对不同介质特性选取相应的本构方程更真实地描述实际地质体的动态行为,比常规有限元"降低完整性"的方法在力学上更合理。同时,FLAC 求解中使用显式差分方法,不形成刚度矩阵,可节约计算机存储空间,减少运算机时,提高解题速度,便于在计算机上实现非线性大变形问题的求解。FLAC 主要适用于模拟计算地质材料和岩土工程的力学行为,特别是材料达到屈服极限后产生的塑性流动,材料通过单位和区域表示,根据计算对象的性质构成相应的网格,每个单元在外载和边界约束条件下,按照约定的线性或非线性应力-应变关系产生力学响应。

综上可知,有限差分法适用于连续介质非线性大变形的问题,离散元法适用于不连续介质的问题。通过前文研究可知,充填开采时,由于充填体、煤体和围岩的共同支撑作用,上覆岩层一般仅出现裂缝带和弯曲下沉带,岩体仍具有较高的连续性。因此,本章采用 FLAC 法进行充填开采相关规律的模拟研究。

6.2 典型顶板分类

为了指导采煤工作面的顶板管理,选择合适的液压支架形式、单体支架的支护方法和采空区处理措施,提高工作面的安全程度,减少顶板事故等,原煤炭工业部颁发了煤层工作面顶板分类试行方案,根据大量观测和数据统计,将顶板进行了分类,如表 6-1 所列。

表 6-1   直接顶分类指标

指标	类别	I	II	III	IV
		不稳定顶板	中等稳定顶板	稳定顶板	坚硬顶板
强度指标 D		≤30	31~70	71~100	>120
直接顶初次垮落步距/m		≤8	9~18	19~25	>25

6.3 数值模拟计算模型及其方法

6.3.1 模型的建立

以小屯矿充填区地质条件为基础,建立数值模型。模型的上边界为地表,下边界为煤层底板以下 50 m,上下高度为 470 m。考虑充分采动采空区长度和宽度均要达到采深的 1.2~1.4 倍,模型的开采宽度为 600 m,为消除边界影响,左右两边各取 600 m。因此,建立模型的尺寸为 1 800 m×470 m。

6.3.2 模拟方案

由于充填开采覆岩移动受采深、顶板和充填采高、充填体强度等因素的耦合影响,要想逐一因素进行模拟,则需要大量的篇章进行阐述,而数值模拟只是规律的总结,只需要对其规律进行显现,不需要逐个因素进行分别模拟。因此,数值模拟方案主要分两类进行:

第一类,主要考虑开采深度、顶板类型、采高、工作面推进距离及充填效果不同条件下,充填工作面矿压显现规律及其影响因素分析。模型中煤层的埋深分别为 400 m、500 m、600 m、800 m;按照上述直接顶分类表(表 6-1)选取不同的顶板类型,当采高为 2 m、3 m、5 m、6 m,工作面长度分别在 50 m、100 m、150 m、200 m 时,分析充填工作面覆岩应力变化特征,并与垮落法开采进行对比。

第二类,结合试验矿井的具体条件,研究达到充分采动时,不同充填率条件下,地表沉陷控制效果与支承压力分布特征。

6.3.3 围岩力学参数的选取

数值计算模型的本构模型为摩尔-库仑模型,模型中围岩的物理力学性质参照试验矿井小屯矿的岩层柱状(图 7-2),小屯矿试验开采区域实际的岩体力学特性和反演法确定岩体力学性质参数如表 6-2 所列。

表 6-2 模型中煤岩层力学性质参数

岩性 名称	密度 /(kg/m³)	体积模量 /GPa	剪切模量 /GPa	黏聚力 /MPa	内摩擦角 /(°)
粉砂岩	2 600	22.5	3.0	2.2	35.5
细砂岩	2 300	23.3	4.3	3.62	38.5
大煤	1 600	2.0	1.0	4.0	19.0
砂质页岩	2 300	3.3	2.3	3.62	38.5
砂泥岩层	2 600	3.0	1.0	1.0	35.0
粉砂岩	2 600	9.0	5.0	2.2	35.0
中砂岩	2 500	7.5	4.0	2.0	32.0

6.3.4 模拟步骤及其监测

模拟步骤:① 建立整体模型,原岩应力平衡计算;② 按照设定要求进行充填开采;③ 计算充填开采后应力平衡。

膏体充填开采引起了工作面围岩应力的重新分布,数值模拟过程的循环时步,虽然不能与实际开采影响过程在时间上一一对应,但数值分析中不同时步的应力、位移结果反映了实际开采过程中应力、位移的变化演变过程。在建模过程中,需要在模型覆岩中设置监测点,记录围岩的应力、位移等变量的变化。

在第一类模型中,主要是监测充填开采工作面围岩应力变化情况;第二类模型中,主要是监测充填开采地表变形情况。

6.3.5 充填体作用过程的模拟方法

在以往的数值模拟中,模型中的力学参数在计算过程中是恒定不变的。充填开采时,进入充填区的充填材料会发生胶结,产生强度,而且在达到后期(28 d)强度之前,强度逐渐增大。因此,随着工作面推进,充填体积越来越大,充填体在覆岩应力作用下被逐步压实,同时充填体的物理力学性质也随着时间的推移而增加。实验室测出膏体龄期强度拟合曲线如图 6-1 所示,由图可知,充填体强度与龄期之间呈对数函数关系,且其拟合关系式为

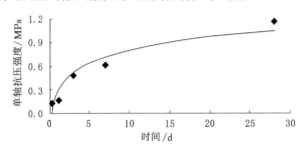

图 6-1 膏体龄期强度曲线

$$\sigma_c = 0.232\ 9\ln t + 0.270\ 1 \tag{6-1}$$

式中 σ_c——单轴抗压强度,MPa;

        t——时间,d。

在 FLAC 计算中岩体参数计算有如下经验公式

$$E = 138 \times \sigma_c \times 0.2 \tag{6-2}$$

$$G = \frac{E}{2(1+\mu)} \tag{6-3}$$

$$K = \frac{E}{3(1-2\mu)} \tag{6-4}$$

$$c = \{0.2\sigma_c[1-\sin(3.14\varphi/180)]/\cos(3.14\varphi/180)\}/2 \tag{6-5}$$

$$\sigma_t = 0.1\sigma_c \tag{6-6}$$

式中 σ_t——岩体抗拉强度,MPa;

        K——岩体体积模量,MPa;

        c——黏聚力,MPa;

        φ——内摩擦角,取30°;

        E——岩石弹性模量,MPa;

        G——岩体剪切模量,MPa;

        μ——泊松比,取 0.25。

将式(6-1)代入式(6-2)~式(6-6)得

$$E = 138 \times (0.232\ 9\ln t + 0.270\ 1) \times 0.2 \tag{6-7}$$

$$G = \frac{138 \times (0.232\ 9\ln t + 0.270\ 1) \times 0.2}{2 \times (1 + 0.25)} \tag{6-8}$$

$$K = \frac{138 \times (0.232\ 9\ln t + 0.270\ 1) \times 0.2}{3 \times (1 - 2 \times 0.25)} \tag{6-9}$$

$$c = \{0.2 \times (0.232\ 9\ln t + 0.270\ 1) \times [1 - \sin(3.14 \times 30/180)] /$$
$$\cos(3.14 \times 30/180)\} / 2 \tag{6-10}$$

$$\sigma_t = 0.1 \times (0.232\ 9\ln t + 0.2701) \tag{6-11}$$

由此得到模拟计算时充填体各力学参数与时间的函数关系。将充填体参数赋值为以上函数值,在计算过程中只需改变时间变量 t 即可实现膏体强度的不断变化。在具体的动态模拟中,根据开挖步距和现场工作面推进度确定时间,从而由经验公式求得某一既定时刻充填体的力学参数值。该法能模拟充填体从受力到逐渐压实最后趋于稳定整个过程的强度变化,较真实地反映了充填体的作用过程,在计算中也易于实现。

6.4　数值模拟计算结果与分析

6.4.1　充填开采支承压力特征分析

对每一个模型的计算结果进行提取处理,分析开采深度、推进距离、开采高度、充填欠接顶量及充填体弹性模量不同时,工作面支承压力的变化特征,总结其规律。

图 6-2~图 6-6 分别为不同条件下,支承压力、应力峰值与集中系数之间的变化关系图。通过对数值模拟结果的对比分析,可以得出:

(1) 随着开采深度的增加,支承压力峰值增大,应力的峰值点距离工作面越远,而支承应力集中系数越小,并且集中系数有趋于稳定值的趋势。

(2) 充填开采时,采高对支承压力特征的影响比较明显。随着采高的增加,支承压力的峰值和应力集中系数均随之增大,且应力集中点与工作面距离增大。

(3) 工作面长度对支承压力及其集中系数有较大的影响,对应力集中点与工作面距离的影响较小。随着工作面长度的增加,应力集中值和应力集中系数均增加。

(4) 在采高一定的条件下,充填开采时的欠接顶量对支承压力的影响比较明显,随着欠接顶量的增加,支承压力逐渐增大,压力系数也随之增大,但应力集中点与工作面距离基本不变。

（5）膏体充填开采时，随着充填体弹性模量的增大，支承压力集中值减小，但对应力集中点无明显影响。

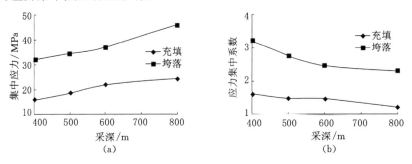

图 6-2　采深与支承压力特征曲线

（a）采深与集中应力的关系；（b）采深与应力集中系数的关系

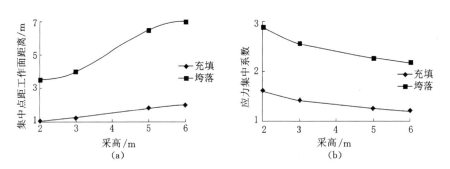

图 6-3　采高与支承压力特征曲线

（a）采高与集中点距离工作面距离的关系；（b）采高与应力集中系数的关系

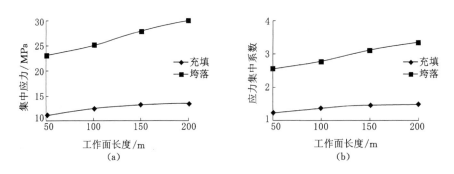

图 6-4　工作面长度与支承压力特征曲线

（a）工作面长度与集中应力的关系；（b）工作面长度与应力集中系数的关系

综上分析可以看出,膏体充填开采时,工作面支承压力比较弱,与垮落法开采相比,无论时支承压力的数值、集中系数和影响范围均有明显减弱。基本规律是充填开采支承压力仅为垮落法开采时的 65% 左右。

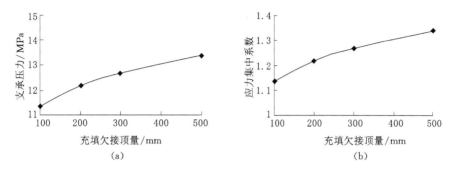

图 6-5　欠接顶量与支承压力特征曲线
(a) 充填欠接顶量与支承压力的关系;(b) 充填欠接顶量与应力集中系数的关系

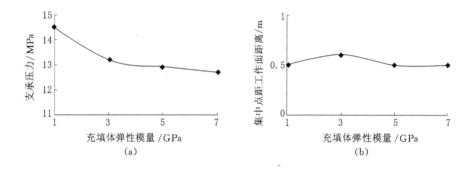

图 6-6　充填体弹性模量与支承压力特性曲线
(a) 充填体弹性模量与支承压力的关系;(b) 充填体弹性模量与集中点距工作面距离的关系

6.4.2　充填率与地表变形关系分析

根据第 4 章对直接顶板下沉影响因素的分析可知:特定矿区,充填体压缩率、充填前顶底板移近量、充填欠接顶量等是影响充填开采控制地表沉陷效果的主要因素。为了简化分析,将这些因素统一转化为充填率(充填材料体积与采空区体积之比)。

根据小屯矿膏体充填材料龄期表达式(6-1),对小屯矿膏体充填开采的地表沉陷进行充填体作用过程模拟,按照设计要求 28 d 强度为最终强度,即数值模拟中在 28 个充填循环后,充填体的强度将不再变化。结果表明:当岩石力学参数和煤层的力学参数改变时,地表变形无明显变化;而充填率发生变化时,地表变形产生了明显的变化,这说明充填率是控制地表沉陷变形的主要因素。文献[67]中对充填体强度对地表沉陷的影响做了分析,结果表明:充填体强度对充填控制地表沉陷影响并不明显。这里不再赘述。

本节着重研究充填体强度为 1.5 MPa 时,小屯矿膏体充填开采,充填率变化对地表下沉、倾斜变形和水平变形及其工作面支承压力的影响。

1. 对地表下沉的影响

充填率与地表下沉系数的影响关系如图 6-7 所示。图 6-8 为充填率与地表下沉量关系曲线。

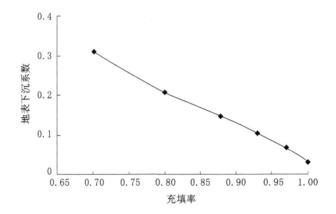

图 6-7　充填率与地表下沉系数关系曲线

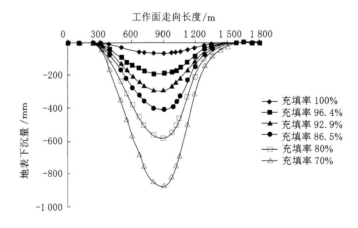

图 6-8　充填率与地表下沉量关系曲线

由图 6-7 及图 6-8 可见:充填开采地表下沉系数随着充填率的下降显著增大,两者近似呈线性关系。当充填率为 86.5% 时,即充填体高度为 2.42 m 时,地表最大下沉值为 400 mm,下沉系数为 0.14;而当充填率为 96.4% 时,地表下沉最大值为 189 mm,此时,下沉系数仅为 0.08。

2. 对水平变形的影响

图 6-9 为充填率与地表水平变形曲线。数值模拟结果表明:充填率为 96.4% 时,地表最大水平变形为 0.88 mm/m;充填率为 86.5% 时,地表最大水平变形为 1.75 mm/m;充填率为 80% 时,地表最大水平变形为 2.5 mm/m。对照国家煤炭工业局《建筑物、水体、铁路及主要井巷煤柱留设与压煤开采规程》(2000)中关于砖混结构建筑物损坏等级的评判标准,根据试验矿井小屯矿的实际条件,膏体充填开采充填率为 84% 时,地表水平将达到地表建筑物 Ⅰ 级损坏等级的允许变形极限值。

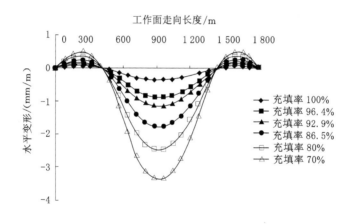

图 6-9 充填率与地表水平变形关系曲线

3. 对倾斜变形的影响

图 6-10 为充填率与地表倾斜变形关系曲线。数值模拟结果表明:充填率为 96.4% 时,地表最大倾斜变形为 1.5 mm/m;充填率为 92.9% 时,地表最大倾斜变形为 2.3 mm/m;充填率为 86.5% 时,地表最大倾斜变形为 3.0 mm/m。对照国家煤炭工业局《建筑物、水体、铁路及主要井巷煤柱留设与压煤开采规程》(2000)中关于砖混结构建筑物损坏等级的评判标准,根据试验矿井小屯矿的实际条件,当充填率 86.5% 时,地表倾斜达到地表建筑物 Ⅰ 级损坏等级的允许变形极限值。

充填率变化时,对试验矿井小屯矿地表变形的数值模拟结果如表 6-3 所列。

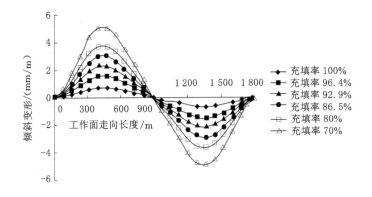

图 6-10　充填率与地表倾斜变形关系曲线

表 6-3　　　　　　　　　　　不同充填率时的数值模拟结果

不同充填率 /%	最大下沉量 /mm	下沉系数	最大倾斜变形 /(mm/m)	最大水平变形 /(mm/m)	地表建筑物 损坏等级
100	85.3	0.03	0.6	0.3	Ⅰ级
96.4	189.2	0.07	1.5	0.8	Ⅰ级
92.9	293.7	0.11	2.3	1.1	Ⅰ级
86.5	410.2	0.15	3.0	1.7	Ⅰ级
80.0	582.8	0.21	3.7	2.4	Ⅱ级
70.0	873.5	0.31	5.1	3.3	Ⅱ级

　　分析可知:小屯矿膏体充填开采 2.8 m 厚一个分层时,当充填率大于 86.5% 时,可以保证地表建筑物在Ⅰ级损坏范围之内,但由于受房屋结构和其抗变形能力的影响,部分房屋可能需要修复。

　　根据图 4-1 可知,要求 5.6 m 厚的煤层全部开采后,地表变形控制在Ⅰ级指标以内,则要求充填开采的地表下沉系数控制在 0.1 左右,即每分层开采的地表下沉值控制在 280 mm 以下,根据图 6-7 可知,要求充填率不小于 92%。

　　针对小屯矿膏体充填开采的实际情况,要控制充填率大于 92% 是有一定难度的,需要综合采取上述措施。由于造成建筑物破坏的主要因素是地表变形,为降低充填开采时对充填率控制的要求,对于厚煤层膏体充填开采,可采用大采高充填开采与协调开采相结合的方法进行开采,以减少开采边界上方地表变形的叠加影响或使地表变形相互抵消,实现厚煤层的不迁村充填开采,提高充填开采的生命力。

通过上述分析可知:小屯矿膏体充填开采煤层(大煤)厚度为 5.6 m,若采用一次充填采全高,地表变形控制在 I 级指标以内,与分层开采相比,虽然地表允许下沉系数仍为 0.1,但允许下沉值由分层开采时的 280 mm 提高到了 560 mm,对充填质量控制要求降低了,使得矛盾得到集中解决,降低了管理难度,更容易实现,而且避免了分层开采工作面搬家,提高了循环产量,增加了效益。因此,提高充填率是降低地表沉陷的最有效途径。大采高充填开采技术将是膏体充填开采的发展方向。

6.4.3 充填率与支承压力关系分析

图 6-11 为充填率变化时,工作面支承压力分布曲线。工作面前方煤体支承压力峰值及其影响范围均随着充填率的降低而增大,但均明显减小;工作面后方采空区支承压力值随充填率的增加而增大。垮落法开采支承压力峰值为 27.1 MPa,应力集中系数为 2.7;在理想充填条件下,即充填体接顶率为 100% 时,支承压力峰值为 11.5 MPa,应力集中系数为 1.15。与垮落法开采相比,充填开采时,工作面后方支承压力并无明显减小,并很快恢复原岩应力,主要是因为充填体的承载能力和转移围岩应力的作用,使得充填开采工作面无明显矿压显现,这一点已在物理模拟和现场实践中得到了验证。

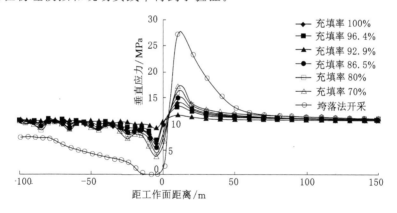

图 6-11 充填率变化时支承压力变化曲线

6.5 本章小结

(1)本章以试验矿井小屯矿现场条件为基础,建立了考虑充填体龄期的数值计算模型,分析了采深、采高、充填欠接顶量和充填体弹性模量不同时,充填工作面矿压显现特征,通过与垮落法开采对比可知,膏体充填开采时支承压力的峰值、集中系数和影响范围均有明显减弱,支承压力减小程度与充填率有关。

(2)详细分析了小屯矿膏体充填开采,在充填率不同时地表变形与工作面支承压力的变化情况,结果表明:充填率越大,对地表变形的控制效果越好,支承压力峰值及其影响范围越小。

(3)通过模拟分析可知:小屯矿采用膏体充填开采控制地表沉陷时,要求充填率不低于92%,针对充填率较难控制的特点,并结合数值模拟结果,指出大采高充填开采是膏体充填技术的发展方向。

7 膏体充填工业性试验及效益分析

冀中能源峰峰集团公司已有 130 多年的开采历史,"三下"压煤量大面广,严重制约矿区生产接续。截至 2006 年矿区的"三下"压煤量达到 3.588 亿 t,占矿区总工业储量的 53.4 %,其中,建筑物下压煤量 2.75 亿 t,占全部"三下"压煤量的 76.7 %,解放村庄呆滞煤量关系到峰峰集团的可持续发展。为此,决定在小屯矿开展膏体充填开采技术研究,试图探索出解放村庄等煤柱的技术新途径。

作者参加了小屯矿矸石膏体充填开采技术的整体方案设计和现场试验工作。该项目于 2007 年 9 月底通过立项,按照方案设计与可行性研究、施工设计与充填系统建设、工业性试验等 3 个阶段稳步推进。2008 年 3 月通过专家论证,2008 年 4 月上旬完成了设备的安装和调试工作,2008 年 6 月开始进行井下 14259 工作面充填工业性试验。2009 年 4 月通过技术鉴定。

7.1 工作面位置及顶底板条件

膏体充填的试验地点在小屯矿井田北翼 −300 m 水平至 −190 m 水平之间的 14259 工作面,埋藏深度为 352~407 m,地面标高为 +197 m,工作面标高为 −155~−210 m,储量为 29.5 万 t。原方案采用条带开采,开采条带宽度为 45 m,煤柱条带宽度为 75 m,两层煤垂直重叠布置,共布置 8 个工作面,如图 7-1 所示。其中,野青布置 4 个,分别是 14457、14459、14461、14463 条带工作面,大煤布置 4 个,分别是 14257、14259、14261、14263 条带工作面。目前,野青的 4 个条带工作面(14457、14459、14461、14463)已经采完;大煤 14257 垮落法放顶煤条带工作面也已经采完。

14259 工作面开采 2# 煤层,顶板为二级 II 类,工作面顶底板柱状图如图 7-2 所示。其中,直接顶板为粉砂岩,厚度为 2~14 m,直接顶垮落步距为 6~8 m;基本顶为细砂岩,平均厚度为 11.25 m。底板为粉砂岩,厚度为 12~14 m,属于中硬。14259 工作面基本为单斜构造,其上部煤层倾角较大,下部较缓,该工作面走向 58°,倾向 330°,煤层倾角为 2°~13°,平均厚度 5.6 m,为高瓦斯煤层。在掘进过程中共揭露 32 条断层,其中,大部分断层落差为 2 m,倾角为 50°~62°。

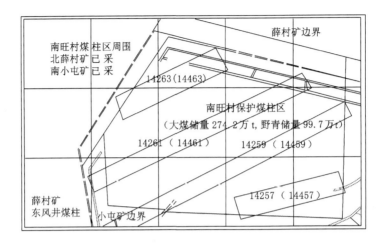

图 7-1　试验区工作面布置

层号	岩石名称	岩性柱状	层厚/m	岩性描述
1	砂质页岩		$\frac{5.2\sim11.7}{6.64}$	浅灰色，含有大量的植物化石碎片。
2	细砂岩		$\frac{0\sim22.7}{5.30}$	灰色，致密坚硬，成分以石英位置，钙质胶结。
3	粉砂岩		$\frac{1.75\sim8.5}{4.79}$	灰黑色，质硬，成分以石英长石为主，钙质胶结，局部受碳质侵染呈深黑色。
4	细砂岩		$\frac{8\sim10.3}{9.30}$	灰色，质硬，局部含硅质。
5	砂质页岩		$\frac{5.9\sim11.4}{10.45}$	灰黑色，含植物化石，局部含铝土质。
6	粉砂岩		$\frac{3.7\sim8.2}{6.38}$	灰黑色，含植物化石，上部含碳质较高，下部含铝土质。
7	中砂岩		$\frac{1.2\sim17.9}{4.27}$	浅灰色，成分以石英长石为主，层理清晰为第Ⅶ含水层。
8	碳质页岩		$\frac{6\sim13.8}{11.50}$	灰黑色，质软，污手，含大量植物化石。
9	粉砂岩		$\frac{8.4\sim19.6}{12}$	灰色，致密坚硬，泥质胶结，以石英为主，含云母片及化石碎片。
10	砂质页岩		$\frac{0.4\sim3.2}{2.43}$	深灰色，致密坚硬，含植物化石，含有大量的结核。
11	大煤		$\frac{5.1\sim5.8}{5.50}$	灰色，致密坚硬，泥质胶结，以石英为主，含云母片及化石碎片。
12	砂质页岩		$\frac{4.2\sim16.0}{7.26}$	深灰色，质硬，局部含硅质，层理明显，含砂质不均匀。
13	细砂岩		$\frac{0\sim7.9}{1.86}$	灰色，质硬，局部含硅质。
14	砂质页岩		$\frac{3.2\sim12.0}{8.72}$	灰黑色，性脆，页理明显，砂质不均匀，含硅质结核，下部含碳质较高。

图 7-2　顶底板岩层综合柱状图

7.2　充填方法及其技术参数的确定

7.2.1　采空区充填率

根据小屯矿 14259 工作面煤层赋存特点,设计采用倾斜分层走向长壁下行膏体充填采煤法,分层采高为 2.8 m。根据地表沉陷的控制要求,采用全部充填法。

根据图 4-1 以及第 6 章数值模拟结果,要实现小屯矿南旺村保护煤柱的不迁村安全开采,要求地表下沉系数控制在 0.1 以内。根据图 6-7 可得,要求充填率不小于 90%;考虑到实际充填过程中,充填料浆有 2%～3% 的泌水率,充填体受压后有 2%～5% 的体积压缩,把以上参数代入式(4-16)可得,每分层开采时充填前的顶底板移近量与欠接顶量之和最大不能超过 200 mm,即充填率不得低于 92%～95%。

在实际生产中,为降低对充填工作面顶板管理和充填质量的要求,小屯矿在进行村庄下充填开采时,可以考虑厚煤层充填一次采全高。如 2 个分层分 1 次进行开采,地表沉陷控制要求不变,若其充填前顶底板移近量与欠接顶量之和为 300 mm,则可确定小屯矿膏体充填开采的充填率不低于 90%。

7.2.2　充填体的强度

1. 充填体的早期强度

根据小屯矿矿井地质条件以及膏体充填材料实验室试验结果,确定充填体弹性模量为 500 MPa,煤层直接顶板岩层厚度为 1.4 m,弹性模量为 40 GPa,充填体最大高度为 2.8 m,充填步距为 2 m,充填体容重约为 0.018 MN/m³。根据式(3-68)和式(3-69)计算可得,充填体自稳所需的强度约为 0.05 MPa,对顶板岩层支撑作用的早期强度要求为不低于 0.08 MPa。考虑 2 倍的富裕系数,要求充填体 8 h 强度在实验室制样、养护条件下不低于 0.16 MPa。

2. 充填体的后期强度

小屯矿采用全部充填法,充填体主体处于三向应力状态,因此仅就充填体的长期稳定性来说,对后期强度要求并不高。但由于采用下行充填法,还需要考虑充填体作为假顶时的稳定性。防止下分层开采时顶板破碎,加大工作面管理难度,降低地表沉陷的总体控制效果。因此分层充填开采时,要求膏体充填体具有较高的抗压入特性。

从控制地表沉陷的角度,要求充填体有较大的弹性模量以减小充填体的压缩率。试验表明,充填体的比压与单轴抗压强度呈线性关系,其弹性模量也随着单轴抗压强度的提高而增大。根据小屯矿实际条件及充填材料性质,充填体 28 d 强度要求为不低于 1.5 MPa。

7.2.3 充填材料总体性能要求

在实际充填工程中,还要根据充填管路的长度、直径及能力要求,确定充填料浆的流动性能及可泵送时间。另外,充填料浆的泌水率也对地表沉陷的控制效果有一定影响。如小屯矿正常充填时质量浓度为 77%,水的用量为 427 kg/m³,当充填料浆泌水率按 3% 计算,2 个分层充填料浆凝固泌水的收缩总量为 72 mm。

因此,充填材料的总体性能是否达到要求,直接关系充填料浆能否通过正常管道输送以及充填控制地表沉陷的效果,是充填工业性试验的一个关键,必须严格把关,只有通过实验室性能检验以后,才能应用到工业性试验。综合以上分析,并结合小屯矿原料来源的实际情况,对充填材料提出以下技术要求:

(1) 充填料浆流动性能:新搅拌充填料浆的坍落度不小于 220~250 mm;

(2) 充填料浆的可泵送时间:不小于 4 h,即从加水混合以后静置 4 h,仍然能够正常泵送,这时候充填料浆无明显分层,坍落度还保持在 180~220 mm 以上;

(3) 充填料浆静置泌水率:小于 3%;

(4) 充填料浆压力泌水率:小于 30%~35%;

(5) 充填体单轴抗压强度性能:室温条件下,8 h 不小于 0.16 MPa,28 d 不小于 1.5 MPa。

7.3 膏体充填工艺系统组成

小屯矿膏体充填系统主要是由以下 5 部分组成,均采用计算机集中控制。

(1) 矸石破碎系统:利用装载机将矸石装入原状矸石喂料斗,经过带式输送机送至振动筛,再入破碎机制成成品矸石,以供膏体充填使用。

(2) 配比搅拌系统:按照设定配比将组成膏体料浆的各个组成部分在搅拌机中搅拌至设定的时间,将料浆卸入料浆缓冲斗以供充填泵送。

(3) 管道泵送系统:料浆缓冲斗的料浆靠自重进入充填泵腔,经过充填泵加压后的充填料浆通过管路进入充填工作面,实施采空区充填顺序。

(4) 控制系统:监测内容包括料位、水分、称重、流量、充填泵压力。

(5) 除尘系统:破碎、搅拌、上料、存储等环节均布置除尘设备,防止环境、噪声污染。

综上所述,矸石膏体充填的过程是一个先将矸石破碎加工,然后把矸石、粉煤灰、专用胶结料和水等 4 种物料按比例混合搅拌制成膏体浆液,再通过充填泵把膏体浆液输送到井下充填工作面,充填由液压充填支架和辅助隔离措施形成的封闭采空区空间的过程,整个充填工艺的流程如图 7-3 所示。

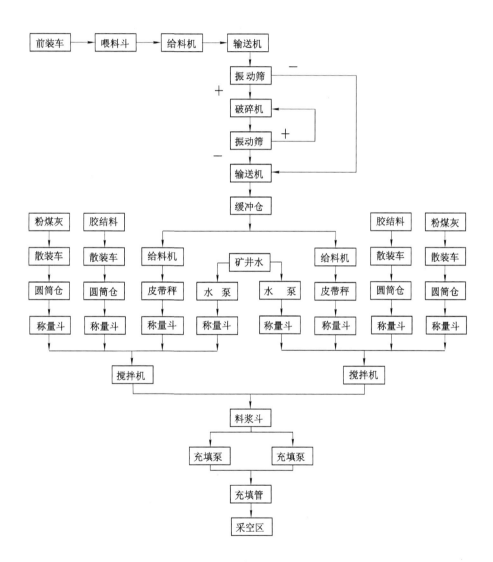

图 7-3 小屯矿膏体充填工艺的流程

7.4　膏体充填综采工艺

按照综采工艺流程进行割煤,充填步距为 2 m,截深为 0.5 m,采煤机割完 4 刀煤,进行综采膏体充填工艺阶段。其主要工艺过程如下:

(1)充填准备。

① 工作面充填隔离墙的构筑。为了保证充填的接顶效果,需要对充填区进行密封隔离,使其完全是"封闭"的空间,为膏体充填做好准备。

② 工作面充填管布置。工作面充填管布置在支架的前、后立柱之间,铺设在支架底座上,充填布料管头要与充填支架处的专用充填口连接,并用铁丝绑牢。

(2)检查准备。

① 检查充填管路的闸阀是否处于开启状态;② 布料管阀是否处于关闭状态;③ 工作面三通阀门检查(打开);④ 报告充填站,确定是否进行充填。

(3)膏体充填阶段。

① 管道充水;② 灰浆推水;③ 矸石浆推灰浆;④ 正常(轮流)充填。

(4)灰浆推矸石浆:当充填矸石浆达到设定充填量之后,要配制少量的灰浆,将矸石浆推出管路,确保管路清洗时清洗水不与矸石浆混合。

(5)水推灰浆:当灰浆量能够确保将矸石浆全部排出管路后,向料浆斗中放入清水,当工作面见到灰浆时,关闭所有布料管闸阀,打开工作面管闸阀,通过排水管路将管路清洗水排入排水巷。

(6)压风推水管道清洗:排水管排出清水后,停止泵送清水,利用压风把管路内的清水及其他遗留大颗粒吹出充填管,完成管道清洗工作。

7.5　工业性试验概况

小屯矿膏体充填开采工业性试验在 14259 工作面进行,工作面上方为南旺村,地表沉陷控制要求较高。自 2008 年 6 月初开始工业性试验以来,经历了对充填工艺技术逐渐熟练的过程,目前已经熟练掌握充填开采的工艺与技术,截至 2009 年 10 月,工作面已推进 574 m,充填量近 19 万 m³,安全采煤 30 余万吨。充填站及井下充填工作面照片如图 7-4 所示。

图 7-4 小屯矿膏体充填现场照片

7.6 现场实测与分析

7.6.1 工作面矿压实测分析

1. 支架阻力实测分析

14259 充填工作面使用专门的充填支架,根据《14259 综采充填工作面作业规程》规定,支架的初撑力必须达到 20 MPa,因此,采用 KJ216 煤矿顶板动态监测系统对支架阻力进行在线监测,2008 年 7 月和 10 月的支架工作阻力曲线如图 7-5 所示。结果显示:支架工作阻力总体在低于 20 MPa,由于充填体对工作面顶板的支撑作用,无明显矿压显现。

对工作面上、中、下 3 个测区支架立柱阻力进行了 28 天的现场实测如表 7-1 所列,结果表明:有 49.5 % 的支架的初撑力未达到《14259 综采充填工作面作业规程》的要求。

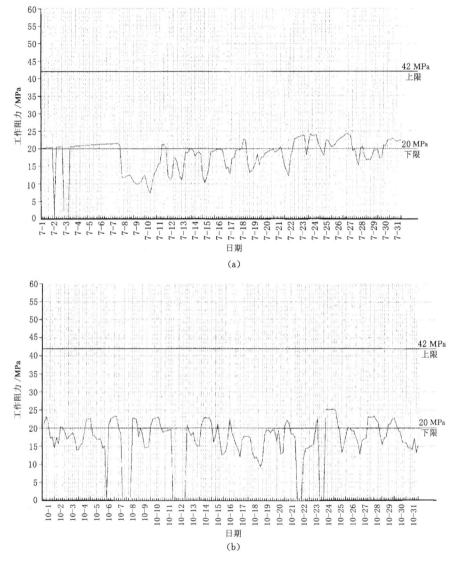

图 7-5　支架工作阻力曲线变化图

(a) 2008 年 7 月支架工作阻力曲线；(b) 2008 年 10 月支架工作阻力曲线

表 7-1　　　　　　　　　　　立柱压力分布表

架号	立柱	>20 MPa 比例/%	<20 MPa 比例/%
6# 支架	前柱	63.8	36.2
	后柱	42.9	57.1

架号	立柱	>20 MPa 比例/%	<20 MPa 比例/%
34# 支架	前柱	40.4	59.6
	后柱	43.3	56.7
50# 支架	前柱	65.2	34.8
	后柱	53.5	46.5
74# 支架	前柱	51.3	48.7
	后柱	43.4	56.6
平均		50.5	49.5

2. 顶底板移近量实测分析

文献[57]对充填工作面顶底板移近量进行了较为详细的研究,结果表明:充填工作面顶底板移近量的大小主要与顶板岩性和顶板管理质量有关。通过现场观测可知,小屯矿 14259 充填工作面上、中、下三个测区内顶底板移近量的平均值分别为 107 mm、120 mm、114 mm,如表 7-2 所列。

表 7-2　　　　　　　　　　顶底板移近量统计表

距工作面距离/m	15#/mm	33#/mm	72#/mm
1.5	35	52	32
2.0	46	64	53
2.5	63	78	62
5.5	97	109	102
6.5	107	120	114

造成顶底板移近量较大的原因与顶板岩层的破碎以及充填跑浆有一定的关系,但其主要原因在于工作面支护强度普遍较低,支架初撑力未达到《14259 综采充填工作面作业规程》要求,也是顶底板移近量增大主要原因之一。

3. 充填欠接顶量实测分析

图 7-6 为小屯矿 14259 工作面欠接顶量统计柱状图。由图 7-6(a)可知:试验初期充填欠接顶量一般情况下小于 250 mm,占统计总数的 74.2%,欠接顶量大于 250 mm 的仅占 25.8%,平均达到 221 mm,欠接顶量比较大;随着对充填工艺的不断熟练,充填效果得到改善。由图 7-6(b)可知:当前充填欠接顶量小于 50 mm 的占 39%,而大于 250 mm 仅占 3%左右;目前欠接顶量较小,平均值为 120 mm。由于流动的充填材料对上循环欠接顶空间有一定补充充填作用,

所以,充填欠接顶量的实际值将比统计值偏小。

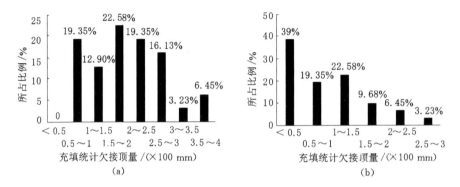

图 7-6 14259 工作面充填欠接顶统计柱状图

(a) 试验初期;(b) 目前情况

4. 充填体受力实测分析

煤矿膏体充填开采是一种新兴的特殊开采方式,虽然文献[15]采用数值计算分析了充填工作面支承压力变化特征,但并未能进行现场的验证。为了对充填工作面矿压显现规律进行较为深入的研究,在小屯矿采空区充填体内布置了压力盒,从工作面机头端向工作面中线方向依次布置 9 个压力盒,靠近回风巷机头端每 2 m 布置一个,工作面中线附近布置 4 个,间距分别为 15 m 和 10 m,压力盒布置如图 7-7 所示。

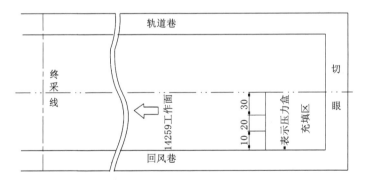

图 7-7 压力盒布置示意图

利用 KJ216 煤矿顶板动态监测系统对压力盒受力及其变化进行在线监测,观测结果如图 7-8 所示。

由图 7-8(a)可知:充填体受到的最大应力为 15 MPa,为小屯矿垮落法开采的最大应力值的 65 %左右,稍大于数值模拟计算结果。

由图 7-8(b)可知:距离回风巷 20 m 的充填体在观测的 120 d(工作面推进 200 m)内,充填体的受力最大值为 1.4 MPa,最小值为 0.1 MPa,其平均值为 0.8 MPa,对比图 7-8(a)可以得到充填区内 67.5% 的部分受力均在该范围内。

由图 7-8(c)可知:在距离回风巷 10 m 处的充填体在观测的 120 d(工作面推进 200 m)内,充填体受力随着工作面的推进逐渐增大到 4 MPa。

由图 7-8(d)可知:距离工作面后 85 m 处,充填体受力基本恢复到原岩应力水平。期间应力未出现应力集中突变现象。

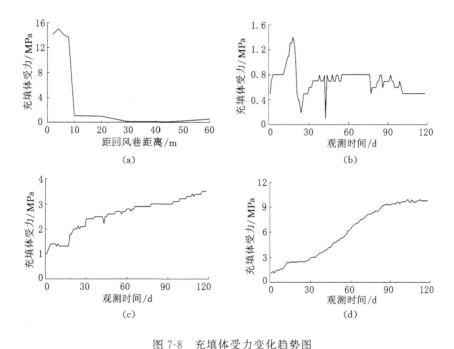

图 7-8　充填体受力变化趋势图

(a) 沿倾向充填体受力;(b) 距回风巷 20 m 处充填体受力;
(c) 距回风巷 10 m 处充填体受力;(d) 距回风巷 2 m 处充填体受力

综上所述,膏体充填工作面充填区受力较传统的开采方法有明显降低,未出现煤壁片帮和支架安全阀开启现象,这说明充填工作面顶板无周期来压现象,且充填区顶板岩层变形破坏范围较小,对充填体的作用较小。主要原因是充填区顶板产生弯曲下沉的同时受到充填体支撑力作用,控制了其进一步弯曲,使得最终顶板岩梁弯曲值未能达到极限值,从根本上避免了上覆岩层破断而产生的应力集中。但由于巷道裸露的时间较长,再加上充填开采时巷道出现少量积水,导致短时间内巷道顶板岩层破坏加剧,产生应力集中,造成巷道附近的充填体受力较大,但仍然小于传统垮落开采法产生的应力值。

7.6.2   巷道变形实测分析

充填开采时,由于充填体、煤体和围岩共同作用形成了对顶板岩层具有支撑作用的承载体系,使得充填工作面矿压显现明显减弱,巷道变形较小,超前支护不需要专门加强控制,如图 7-9 所示为小屯矿膏体充填回风巷变形曲线图。

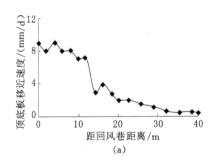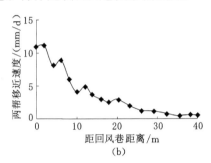

图 7-9   充填工作面回风巷变形曲线图

(a) 顶底板移近与距离工作面关系图;(b) 两帮移近与工作面距离关系图

7.6.3   地表沉陷实测分析

14259 综采充填工作面长为 120 m,采高为 2.8 m,截至 2009 年 10 月,14259 综采充填开采工作面已经推进 574 m。目前观测数据表明:地表沉陷最大值为 344 mm。在充填开采的同时,邻近的 14263 工作面进行垮落法开采,目前已经回采完毕,采高为 2.8 m,工作面长度为 75 m,因此,地表下沉等值线如图 7-10 所示。

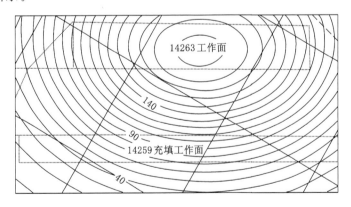

图 7-10   14263 工作面地表下沉等值线

由图 7-10 可知,14263 工作面开采造成的地表沉陷最大值为 190 mm,对充填工作面产生的影响为 90 mm。因此,充填开采造成的地表沉陷最大值为 254 mm,下沉系数为 0.09,修正后的地表下沉曲线如图 7-11 和图 7-12 所示。

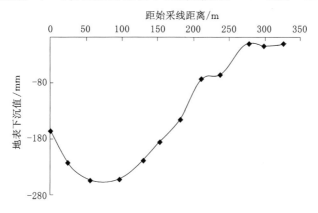

图 7-11   14259 充填工作面走向地表下沉曲线

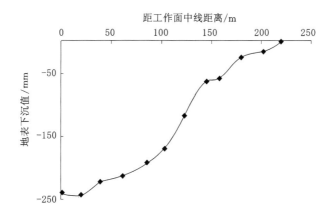

图 7-12   14259 充填工作面倾向地表下沉曲线

小屯矿 14259 工作面使用专门的充填支架,由于支架后尾梁以及中、底侧护的影响,充填欠接顶量较大,其充填率约为 85%,但通过对充填支架进行改进后,目前充填率平均为 91%,大大提高了充填效果。根据井下观测,充填前顶底板移近量为 114 mm,充填欠接顶量为 120 mm,经过实验室测定,泌水率为 2%,充填材料的压缩率为 3%,充填率为 91%,将上述计算参数代入式(5-3)可得理论下沉系数为 0.135。理论下沉系数较实测数值大主要是因为:其一,流动性较好的充填材料对上循环的欠接顶空间进行了有效的补充充填;其二,充填开采区未达到充分采动,而且正在进行充填回采,需要进一步观测分析。

通过对现场实测的分析可知,提高充填开采地表沉陷控制效果可采取如下措施:① 加强对充填工作面的顶板管理,要做到及时移架,对裸露顶板及时支护,提高支架刚度,确保支架初撑力和工作阻力达到相关要求,推刮板输送机、移架均到位后进行充填,发现顶板破碎的情况需要及时采取措施,增加循环进尺,以减少移架次数,保证顶板的完整性,以控制充填前的顶板下沉量;② 加强对充填质量的管理,要构筑封闭、坚固的充填空间,提高充填浆体浓度,发现充填跑浆情况要及时处理,进行轮流循环充填,以保证充填效果,减小充填欠接顶量;③ 改进充填材料力学性能,减小充填材料的泌水率,能够对充填区进行及时支护,提高充填体的刚度,及时清理浮煤,以提高充填区充填材料的抗压缩性能;④ 增加采高,相对降低充填工作面管理要求,提高生产效率。

7.7　效益分析

通过对小屯矿提供的财务资料(2008 年 9 月～2009 年 4 月)的统计分析,按照目前充填材料配比组成、地面人员组织以及充填工艺,小屯矿充填开采增加的成本构成如表 7-3 所列。

表 7-3　　　　　　　　　膏体充填开采增加成本构成

分类	项目构成	成本/(元/t)	所占比例/%	备注
地面部分	人工费	2.0	3.3	
	电费	4.01	6.6	
	设备折旧费	12.7	21.1	按维护 10 年计
	充填直接材料	35.07	58.1	胶结料、粉煤灰
	维护费	1.67	2.6	
	油费	1.0	1.6	
井下部分	辅助材料	4.0	6.7	编织带、木背板
合计		60.45	100	

由表 7-3 可见,小屯矿膏体充填开采增加的成本为 60.45 元/t,其中人员工资费用占 3.3%,维护费、油费及辅助材料费占 10.9%,设备折旧费占 21.1%,粉煤灰、胶结料等充填直接材料费占 58.1%,电费占 6.6%。

充填直接材料费在增加开采成本的构成中所占比例在预算范围内,而人工费和辅助材料费所占比例以及总成本超过了预期。分析其主要原因是:目前充填工作面效率较低,特别是充填准备时间长,导致充填开采产量低,使吨煤人工费、设备折旧费显著增加;充填隔离墙构筑及袋式隔离,一方面增加了充填准备时间,另一方面增加了编织布的消耗量,提高了辅助材料成本。随着膏体充填工艺水平的提高,工作面产量提高,膏体充填成本将显著下降。

与传统的条带开采相比,膏体充填开采将多回收煤炭93.1万t,按照目前小屯矿吨煤成本267元、峰峰集团煤炭市场销售价格540元/t、膏体充填增加成本60.45元/t,多回收的煤炭资源产生直接经济效益近1.98亿元,并延长矿井服务年限1.5年。此外,还可以节省矸石、粉煤灰处理费用,减少了土地占用,降低了环境污染,缓解了工农矛盾,因此,经济、社会效益均十分显著。

7.8 取得的成果、存在的问题与建议

通过近一年的工业性试验与完善,小屯矿已经形成了一套成熟的膏体充填工艺,主要体现在以下几个方面:

(1) 建立了中国煤矿第一套大颗粒(−25 mm)矸石膏体充填系统,由矸石处理、循环破碎、物料存储、配比、批次搅拌、充填泵管道输送组成的充填系统运转协调、可靠,满足充填工程长时间连续作业的要求。

(2) 充填工艺控制系统完善可靠、控制精度高,实现了料浆浓度自动调节功能,截至2009年10月中旬,系统已经完成充填量近19万 m³,安全采煤30余万吨。

(3) 采用可弯曲布料管,实现了工作面管路的整体前移,发展了一套充填隔离墙快速构筑方法,提高了充填准备效率,达到了准备时间短、隔离效果好的目的,为提高充填工作面产量创造了条件。

(4) 形成了一套实用的管道泵送工艺,即"管道充水、灰浆推水、矸石浆推灰浆、矸石浆充填、灰浆推矸石浆、水推灰浆、管道压风"充填操作程序。

存在的主要问题如下:

(1) 支架构件变形,部分支架尾梁发生弯曲变形,伸缩困难,而且不能对充填区顶板岩层进行及时有效的支撑,导致充填前顶底板移近量偏大。

(2) 支架初撑力偏低,受"重产量、轻管理"思想的影响,使得充填支架的初撑力偏低,对20个采煤班统计结果显示,初撑力达到《14259综采充填工作面作业规程》要求20 MPa的占50.5%;还出现移架不及时,不能对端面顶板进行及时支护的情况,这些都会对顶板管理不利,造成顶板下沉量偏大。

(3) 充填率偏低,现场提供的充填量记录显示月平均充填率较低为76%,离设计要求的90%还存在一定的距离。其中,月充填率最高为86%,最低为

61％,循环充填率最高为89％,最低则为67％。

上述几个方面问题将造成充填开采地表下沉量较大,下沉系数偏大。因此,现场需要进一步加强工作面管理和提高充填体接顶效果,以保证充填开采的地表沉陷控制要求。需要在以下几个方面进行改进:

(1)严格执行及时移架、及时支护原则。

由于工作面清理工作量较大、拉架困难,推刮板输送机、移架工作跟不上采煤机,导致推刮板输送机、移架严重滞后,支护不及时。建议集中人员跟机,采煤机割煤速度根据推刮板输送机、移架进度进行调整。

(2)切实提高支架初撑力和工作阻力。

根据前面分析可知,有相当比例支架达不到作业规程的规定,导致工作面顶板下沉量在支架顶梁范围内就达到150～250 mm,明显高于一般垮落法开采工作面的顶板下沉量,达不到充填工作面设计要求的50～100 mm。建议把支架初撑力控制水平提高到24 MPa以上,并严格检查和执行。

(3)切实保证充填质量。

膏体充填材料在可泵时间、泌水率、8 h抗压强度、28 d抗压强度等指标均达到设计要求时方为合格,同时要保证充填率的要求。

7.9   本章小结

(1)本章主要结合小屯矿的实际地质条件,介绍了小屯矿膏体充填开采的进展情况、膏体充填系统的组成以及工艺流程。设计了膏体充填综采采煤工艺和膏体充填的操作顺序,并成功应用于小屯矿。

(2)对小屯矿膏体充填工作面矿压显现和充填开采后地表沉陷规律进行了观测和分析,结果表明:充填开采无周期来压显现,支承压力明显降低,仅为传统开采方法的65％。并提出了提高地表沉陷控制效果的具体措施。

(3)对南旺村保护煤柱膏体充填开采进行了效益分析,结果表明:膏体充填开采带来的直接经济效益约1.98亿元,而且延长矿井服务年限1.5 a,还处理了矸石、粉煤灰,减少了土地占用,降低了环境污染,缓解了工农矛盾,经济效益、社会及环境效益十分显著。

(4)总结了小屯矿充填开采取得的成果,重点分析了充填工作面存在的主要问题,并针对具体问题,提出了改进意见,以期在保证地表沉陷控制、减少对地表建筑物的损害程度的同时,也能提高煤炭采出率。

8　结　　论

本书采用理论分析、物理模拟、数值模拟、实验室试验与现场实测相结合的方法,对充填开采控制覆岩变形与地表沉陷的理论与实践进行了分析研究,取得了以下主要成果:

(1) 从可持续发展、环境保护和能源安全的高度,分析了我国中东部地区呆滞煤炭的严重性以及对发展高采出率开采技术的迫切要求。进而对比分析了各种"三下"采煤方法的特点及其适用范围,相对其他方法而言,深入论述了膏体充填开采的"高采出率、高安全性、环境友好"特点。得出膏体充填开采技术是 21 世纪绿色采矿技术的重要发展方向之一,是煤炭工业贯彻落实科学发展观、实现绿色采矿的重要举措,是煤炭开采技术的革新结论,其必将促进我国绿色采矿技术的发展。

(2) 运用物理模拟、数值模拟研究了充填开采顶板岩层移动与支承压力分布特征,并结合太平矿实测结果,研究了覆岩变形破坏范围,结果表明:① 充填开采可减缓工作面矿压显现,减小支承压力的影响范围,由模拟结果可知;垮落法开采时支承压力集中系数为 3.8,其影响范围为 50 m;而充填开采时支承压力集中系数则为 1.3,其影响范围仅 10 m。② 充填开采时,由于充填材料的支撑作用,顶板岩层只出现裂隙带和弯曲下沉带,无垮落带,能保证顶板岩层稳定,降低对覆岩的破坏程度,而且裂隙带高度明显减小,由实测结果可知,太平矿膏体充填开采时,无垮落带,裂隙带高度仅 2～4 m,远小于垮落法开采时的裂隙带高度(34.6～45.8 m)。③ 充填开采岩层控制的关键是对直接顶及下基本顶岩层的控制。

(3) 建立了充填开采时的组合顶板岩层力学模型,从弹性地基梁理论出发,针对充填开采工作面煤体、支架、充填体组成的支撑体系耦合作用特点,建立了组合顶板岩梁的 Winkler 弹性地基力学模型及其微分方程,给出了由充填体、支架和煤体三区共同支撑作用下的直接顶及下位基本顶岩层移动的计算式,分析了充填开采时顶板岩层弹性模量、厚度、充填体弹性模量对下位顶板岩层下沉的影响,结果表明:顶板岩层弹性模量和充填体弹性模量的增加意味着弹性地基系数增大,有利于顶板岩层的下沉和地表沉陷的控制。分析控顶区顶板岩层的稳定性要求,给出了支护强度的计算式以及充填体早期强度的计算式。

（4）基于"三下"开采煤炭采出率最大化与地表变形破坏最小化的要求，建立了直接顶及下位顶板岩层下沉的计算模型，引入计算采厚的概念，给出了充填开采时顶板岩层下沉计算式，对顶板岩层下沉值、顶板岩层力学性质，以及充填体力学性质之间的关系进行了系统深入的分析，结果表明：顶板的厚度、顶板的弹性模量、充填体的弹性模量对顶板下沉量的影响较小，充填欠接顶量和充填前顶底板移近量对其影响最大，充填体压缩率、岩梁所受载荷对其所产生的影响次之。

对充填开采顶板岩层的稳定性要求进行了分析，给出了控制顶板岩层稳定的判据，分析了充填开采的减沉机理，提出了充填开采提高地表沉陷控制效果的技术途径。

（5）采用实验室试验研究了小屯矿充填材料的压缩性能，结果表明：① 单轴压缩试验时，在峰值强度之前，充填体径向应变很小（约 1%），达到峰值强度以后，充填体呈塑性软化特性；三轴压缩试验时，充填体变形性能受侧向围压影响十分明显，即使在围压很低（0.5 MPa）的条件下，都表现出典型的塑性强化特征。② 不同强度的充填体表现的塑性强化程度有所差异，单轴抗压强度较低的充填体，在低围压下，一致呈现塑性强化特征；而对单轴抗压强度较高的充填体，则先表现出塑性强化特征，后表现出塑性软化特征。其基本规律为：一般围压接近或达到充填体的单轴抗压强度时，膏体充填体不出现应变软化；三轴压缩蠕变试验时，充填材料的压缩率随侧压系数（轴向应力与围压之比）的增加而增大，且其压缩变形主要在加载期间完成，约占总变形量的 90% 以上，在恒定压力作用下随着时间的延续，位移虽然有一定量的增加，但仅占总变形量的 2%～4%，无明显蠕变变形。因此，充填体的压缩率是充填控制地表沉陷的重要参量。

（6）分析了充填开采下位顶板岩层移动的组成及其影响因素，明确了膏体充填开采地表沉陷组成的计算式，给出了地表沉陷值的计算式，给出了充填开采地表下沉系数的计算方法；对小屯矿充填开采条件下的地表变形情况进行了预测研究，结果表明：小屯矿膏体充填开采顶分层时，在顶板管理质量、充填效果以及充填材料压缩性能满足要求的前提下，地表下沉系数可控制在 0.16 以内，使南旺村房屋损坏在 I 级损坏范围内，能够保证建筑物安全；充填开采两个分层后，地表沉陷的最大值为 700 mm，仅为条带开采预测值的 70%，地表损坏仍在 I 级范围内。

（7）采用数值模拟对充填开采岩层控制进行了模拟研究，模拟了不同采深、顶板类型、采高、充填体强度条件下工作面支承压力的变化特征，结果表明：与垮落法开采相比，膏体充填开采时，支承压力的峰值、集中系数和影响范围均明显降低，支承压力值仅为垮落法开采时的 65% 左右。模拟了不同充填率条件下，地表变形与支承压力分布特征,结果表明:提高充填率可明显提高对地表变形的控制效果,降低工作面支承压力峰值及其影响范围,并结合现场实际,提出了提高充填率的具体措施,指明了大采高充填开采是膏体充填的发展方向。

（8）根据理论研究成果,确定了小屯矿充填开采工艺技术参数,介绍了小屯矿充填系统的组成、工艺流程及其进展,提出了充填材料的性能要求。对充填工作面支架阻力、充填质量、巷道变形以及地表沉陷进行了观测和分析,结果表明:充填开采时巷道变形明显减小,工作面无周期来压,而且支承压力明显降低,对地表沉陷的控制效果好,取得了良好的经济和社会效益,基本达到了预期目标。介绍了小屯矿充填开采取得的成果与不足,并提出了改进措施。

参 考 文 献

[1] 白矛,刘天泉.条带法开采中条带尺寸的研究[J].煤炭学报,1983,8(4):19-26.

[2] 鲍来茨基,胡戴克.矿山岩体力学[M].于振海,刘天泉,译.北京:煤炭工业出版社,1985.

[3] 毕思文.地球系统科学与可持续发展[M].北京:地质出版社,1998.

[4] 布克林斯基.矿山岩层与地表移动[M].王金庄,洪镀,译.北京:煤炭工业出版社,1989.

[5] 蔡嗣经.胶结充填材料的强度特性与强度设计(Ⅰ)——胶结充填体的强度设计[J].南方冶金学院学报,1985(3):39-46.

[6] 蔡嗣经.胶结充填材料的强度特性与强度设计(Ⅱ)——胶结充填体强度设计的几个理论模型[J].南方冶金学院学报,1985(4):13-21.

[7] 蔡嗣经.矿山充填力学基础[M].北京:冶金工业出版社,1994.

[8] 蔡正泳,王足献.正交设计在混凝土设计中的应用[M].北京:中国建筑工业出版社,1985.

[9] 陈炎光,钱鸣高.中国煤矿采场围岩控制[M].徐州:中国矿业大学出版社,1994.

[10] 陈炎光,徐永圻.中国采煤方法[M].徐州:中国矿业大学出版社,1991.

[11] 成家钰.煤矿作业规程编制指南[M].北京:煤炭工业出版社,2005.

[12] 崔希民,缪协兴,赵英利,等.论地表移动过程的时间函数[J].煤炭学报:1999,24(5):453-456.

[13] 邓喀中.开采沉陷中的岩体结构效应应用[M].徐州:中国矿业大学出版社,1993.

[14] 邓喀中,马伟民,何国清.开采沉陷中的层面效应研究[J].煤炭学报:1995,20(4):380-385.

[15] 杜计平,汪理全.煤矿特殊开采方法[M].徐州:中国矿业大学出版社,2003.

[16] 段绪华,凌标灿,金智新.煤矿顶板事故防治新技术[M].徐州:中国矿

业大学出版社,2008.

[17] 范学理,刘文生,赵德深,等.中国东北煤矿区开采损害防护理论与实践[M].北京:煤炭工业出版社,1998.

[18] 高延法.岩移"四带"模型与动态位移反分析[J].煤炭学报:1996,21(1):51-56.

[19] 顾大钊.相似材料和相似模拟[M].徐州:中国矿业大学出版社,1995.

[20] 顾朴,郑芳怀,谢惠玲.材料力学[M].2 版.北京:高等教育出版社,1960.

[21] 顾少华,石世章.建筑物下大采宽条带开采的地表移动特征[J].煤炭科学技术,1997,25(9):10-12.

[22] 郭爱国,张华兴.我国充填采矿现状及发展[J].矿山测量,2005(1):60-61,52.

[23] 郭广礼,王悦汉,马占国.煤矿开采沉陷有效控制的新途径[J].中国矿业大学学报,2004,33(2):150-153.

[24] 国家煤炭工业局.建筑物、水体、铁路及主要井巷煤柱留设与压煤开采规程[M].北京:煤炭工业出版社,2000.

[25] 郭惟嘉,沈光寒,闫强刚,等.华丰煤矿采动覆岩移动变形与治理的研究[J].山东矿业学院学报,1995,14(4):359-364.

[26] 郭振华.村庄下膏体充填采煤控制地表沉陷的研究[D].徐州:中国矿业大学,2008.

[27] 何国清,马伟民,王金庄.威布分布尔型影响函数在地表移动的计算中的应用——用碎块体理论研究岩移基本规律的探讨[J].中国矿业大学学报,1982(1):4-23.

[28] 何国清,杨伦,凌赓娣,等.矿山开采沉陷学[M].徐州:中国矿业大学出版社,1991.

[29] 何满潮,邹友峰.条带煤柱的抗滑稳定性分析[J].水文地质工程地质,1993(6):1-9.

[30] 何万龙,康建荣.山区地表移动与变形规律的研究[J].煤炭学报,1992,17(4):1-15.

[31] 侯朝炯,马念杰.煤层巷道两帮煤体应力和极限平衡区的探讨[J].煤炭学报,1989,14(4):21-29.

[32] 胡炳南.条带开采中煤柱稳定性分析[J].煤炭学报,1995,20(2):205-210.

[33] 纪哲锐.Mathcad 2001 详解[M].北京:清华大学出版社,2002.

[34] 金川公司技术考察组.金川公司赴德、法泵送充填技术考察报告[J]. 中国矿业,1995,4(3):37-40.

[35] 克诺特,李特维尼申,等.矿区地面采动损害保护[M].上西里西亚出版社.1980.

[36] 李鸿昌.矿山压力的相似模拟试验[M].徐州:中国矿业大学出版社,1988.

[37] 李云鹏,王芝银.开采沉陷粘弹塑性损伤模拟分析[J].西安矿业学院学报,1999(A1):34-38.

[38] 李增琪.计算矿山压力和岩层移动的三维层体模型[J].煤炭学报:1994,19(2):109-122.

[39] 李增琪.使用富氏积分变换计算开挖引起的地表移动[J].煤炭学报:1983,8(2):18-28.

[40] 李增琪.使用富氏积分变换计算开挖引起的地表移动之二——水平煤层空间问题[J].煤炭学报:1985(1):18-22.

[41] 刘宝琛,廖国华.煤矿地表移动与基本规律[M].北京:中国工业出版社,1965.

[42] 刘宝琛,颜荣贵.开采引起的矿山岩体移动的基本规律[J].煤炭学报,1981(1):39-55.

[43] 刘长友,杨培举,侯朝炯,等.充填开采时上覆岩层的活动规律和稳定性分析[J].中国矿业大学学报,2004,33(2):166-169.

[44] 刘天泉.波兰城镇建筑物下采煤的建筑物加固、维修和迁建可行性技术经济分析方法[J].矿山测量,1986(3):50-54.

[45] 刘同有,等.充填采矿技术与应用[M].北京:冶金工业出版社,2001.

[46] 刘伟韬,武强,李献忠,等.覆岩裂缝带发育高度的实测与数值仿真方法研究[J].煤炭工程,2005(11):55-57.

[47] 刘增辉,杨本水.利用数值模拟方法确定导水裂隙带发育高度[J].矿业安全与环保,2006(5):16-20.

[48] 龙驭球.弹性地基梁的计算[M].北京:人民教育出版社,1981.

[49] 卢平.确定胶结充填体强度的理论与实践[J].黄金,1992,13(3):14-19.

[50] 麻凤海.岩层移动的时空过程[D].沈阳:东北大学,1996.

[51] 马占国.采动破碎岩体变形特性及对地表沉陷的影响研究[D].徐州:中国矿业大学,2008.

[52] 马占国,王建斌,苏海,等.高应力区超高巷采矸石充填采煤技术[J].

煤炭科技,2007(4):32-35.

[53] 煤炭科学研究院北京开采研究所.煤矿地表移动与覆岩破坏规律及其应用[M].北京:煤炭工业出版社,1981.

[54] 孟以猛,吕振先.高压注浆碱缓地表沉陷技术在大屯矿区的应用[J].世界煤炭技术,1993(4):25-26.

[55] 缪协兴,茅献彪,胡光伟,等.岩石(煤)的碎胀与压实特性研究[J].实验力学,1997,12(3):394-399.

[56] 齐东洪,范学理.抚顺特厚煤层上覆岩层高压注浆减缓地表沉陷[J].东北煤炭技术,1990(增刊):9-12.

[57] 钱鸣高.采场围岩控制理论与实践[J].矿山压力与顶板管理,1999,16(C1):12-15.

[58] 钱鸣高.20年来采场围岩控制理论与实践的回顾[J].中国矿业大学学报,2000,29(1):1-5.

[59] 钱鸣高,刘听成.矿山压力及其控制[M].北京:煤炭工业出版社,1984.

[60] 钱鸣高,刘听成.矿山压力及其控制(修订本)[M].北京:煤炭工业出版社,1991.

[61] 钱鸣高,缪协兴,许家林,等.岩层控制的关键层理论[M].徐州:中国矿业大学出版社,2000.

[62] 钱鸣高,许家林,缪协兴.煤矿绿色开采技术[J].中国矿业大学学报:自然科学版,2003,32(4):343-348.

[63] 瞿群迪.采空区膏体充填岩层控制的理论与实践[D].徐州:中国矿业大学,2007.

[64] 沙拉蒙.地下工程的岩石力学[M].田良灿,连志昇,译.北京:冶金工业出版社,1982.

[65] 史元伟.采煤工作面围岩控制原理和技术[M].徐州:中国矿业大学出版社,2003.

[66] 苏联科学院矿业研究所.库兹巴斯急倾斜厚煤层充填开采法[M].北京:煤炭工业出版社,1956.

[67] 隋鹏程.中国矿山灾害[M].长沙:湖南人民出版社,1998.

[68] 孙恒虎,黄玉诚,杨宝贵.当代胶结充填技术[M].北京:冶金工业出版社,2002.

[69] 孙亚军,徐智敏,董青红.小浪底水库下采煤导水裂隙发育监测与模拟研究[J].岩石力学与工程学报,2009(2):238-245.

[70] 唐春安,徐曾和,徐小荷.岩石破裂过程分析 RFPA～(2D)系统在采场上覆岩层移动规律研究中的应用[J].辽宁工程技术大学学报(自然科学版),1999,18(5):456-458.

[71] 王建学.开采沉陷塑性损伤结构理论与冒矸空隙注浆充填技术的研究[D].北京:煤炭科学研究总院,2001.

[72] 王建学,刘天泉.冒落矸石空隙注浆胶结充填减沉技术的可行性研究[J].煤矿开采,2001,6(1):44-45.

[73] 王金庄,康建荣,吴立新.煤矿覆岩离层注浆减缓地表沉降机理与应用探讨[J].中国矿业大学学报,1999,28(4):331-334.

[74] 王金庄,邢安仕,吴立新.矿山开采沉陷及其损害防治[M].北京:煤炭工业出版社,1995.

[75] 王树仁,王金安,冯锦艳.大倾角厚煤层综放采场应力与变形破坏特征的三维数值分析[J].中国矿业,2004,13(7):69-72.

[76] 王有俊.矸石直接充填及其效益分析[J].辽宁工程技术大学学报:自然科学版,2003(B08):70-71.

[77] 吴侃,葛家新,王玲丁,等.开采沉陷预计一体化方法[M].徐州:中国矿业大学出版社,1998.

[78] 吴立新.部分开采地表沉陷机理研究——厚岩层托板假说的建立与应用[D].北京:中国矿业大学,1990.

[79] 吴立新,王金庄,刘延安,等.建(构)筑物下压煤条带开采理论与实践[M].徐州:中国矿业大学出版社,1994.

[80] 谢和平,陈至达.非线性大变形有限元分析及在预测岩层移动中的应用[J].中国矿业大学学报,1988(2):97-107.

[81] 谢和平,段法兵,周宏伟,等.条带煤柱稳定性理论与分析方法研究进展[J].中国矿业,1998,7(5):37-41.

[82] 谢和平,周宏伟,王金安,等.FLAC 在煤矿开采沉陷预测中的应用及对比分析[J].岩石力学与工程学报,1999,5(7):397-402.

[83] 谢文兵,陈晓祥,郑百生.采矿工程问题数值模拟研究与分析[M].徐州:中国矿业大学出版社,2005.

[84] 谢文兵,史振凡,陈晓祥,等.部分充填开采围岩活动规律分析[J].中国矿业大学学报,2004,33(2):162-165.

[85] 邢福康,蔡岾,刘玉堂,等.煤矿支护手册[M].北京:煤炭工业出版社,1993.

[86] 徐乃忠.煤矿覆岩离层注浆减小地表沉陷研究[D].徐州:中国矿业大

学,1997.

[87] 徐永圻.煤矿开采学[M].徐州:中国矿业大学出版社,1993.

[88] 徐永圻,王悦汉.短壁开采技术[M].徐州:中国矿业学院出版社,1987.

[89] 许家林,钱鸣高.覆岩注浆减沉钻孔布置的研究[J].中国矿业大学学报,1998(3):276-279.

[90] 杨宝贵,崔希民,孙恒虎,等.煤矿采空区胶结充填控制采动损害的可行性探讨[J].煤炭学报,2000,25(4):361-365.

[91] 杨伦.对采动覆岩离层注浆减沉技术的再认识[J].煤炭学报,2002,27(4):352-356.

[92] 杨伦,于广明.采矿下沉的再认识[C]//第七届国际矿测学术会论文集,1987.

[93] 杨硕.采动损坏空间变形力学预测[M].北京:煤炭工业出版社,1994.

[94] 于广明.分形及损伤力学在开采沉陷中的应用研究[D].北京:中国矿业大学,1997.

[95] 于广明.矿山开采沉陷的非线性理论与实践[M].北京:煤炭工业出版社,1998.

[96] 于广明,杨伦,苏仲杰,等.地层沉陷非线性原理、监测与控制[M].长春:吉林大学出版社,2000.

[97] 约伯克.水砂充填学[M].范诚和,严万生,译.北京:煤炭工业出版社,1958.

[98] 张东俭,郭恒庆.覆岩离层注浆技术在济宁矿区的应用[J].矿山测量,1999(3):42-44.

[99] 张华兴,郭惟嘉."三下"采煤新技术[M].徐州:中国矿业大学出版社,2008.

[100] 张华兴,赵有星.条带开采研究现状及发展趋势[J].煤矿开采,2000(3):5-7.

[101] 张吉雄.矸石直接充填综采岩层移动控制及其应用研究[D].徐州:中国矿业大学,2008.

[102] 张玉卓.煤矿地表沉陷的预测与控制——世纪之交的回顾与展望:煤炭学会第五届青年科技学术研讨会论文集[C].北京:煤炭工业出版社,1998.

[103] 张玉卓.岩层与地表移动计算原理及程序[M].北京:煤炭工业出版社,1993.

[104] 张玉卓.岩石力学模糊系统理论与实践[D].北京:北京科技大学,1988.

[105] 张玉卓,徐乃忠.地表沉陷控制新技术[M].徐州:中国矿业大学出版社,1998.

[106] 张玉卓,仲惟林,姚建国.断层影响下地表移动规律的统计和数值模拟研究[J].煤炭学报:1989,14(1):23-33.

[107] 张玉卓,仲惟林,姚建国.岩层移动的位错理论解及边界元法计算[J].煤炭学报:1987(2):21-31.

[108] 赵才智.煤矿新型膏体充填材料性能及其应用研究[D].徐州:中国矿业大学,2008.

[109] 赵才智,周华强,瞿群迪,等.膏体充填材料力学性能的初步实验[J].中国矿业大学学报,2004,33(2):159-161.

[110] 赵德深.煤矿区采动覆岩离层分布规律与地表沉陷控制研究[D].阜新:辽宁工程技术大学,2000.

[111] 赵德深,范学理.矿区地面塌陷控制技术研究现状与发展方向[J].中国地质灾害与防治学报,2001,12(2):86-89.

[112] 赵海军,马凤山,李国庆,等.充填法开采引起地表移动变形和破坏的过程分析与机理研究[J].岩体工程学报 2008,30(5):670-676.

[113] 郑保才.薄基岩厚煤层膏体充填开采矿压显现和开采沉陷规律的研究[D].徐州:中国矿业大学,2007.

[114] 中国矿业学院,阜新矿业学院,焦作矿业学院.煤矿岩层与地表移动[M].北京:煤炭工业出版社,1981.

[115] 钟亚平.建筑物下综放开采特厚煤层覆岩离层注浆[J].煤炭科学技术,2001,29(1):5-7.

[116] 周国铨,崔继宪,刘广容,等.建筑物下采煤[M].北京:煤炭工业出版社,1983.

[117] 周华强,侯朝炯,孙希奎,等.固体废物膏体充填不迁村采煤[J].中国矿业大学学报:自然科学版,2004,33(2):154-158.

[118] 邹友峰,邓喀中,马伟民.矿山开采沉陷工程[M].徐州:中国矿业大学出版社,2003.

[119] ANON. Backfilling in German coal mines[J]. Australian Mining, 1988,80:24.

[120] BIENIAWSKI Z T, HEERDEN W L. The significance of in situ tests on large rock specimens[J]. International Journal of Rock Me-

chanics and Mining Sciences and Geomechanics Abstracts,1975,12 (4):101-113.

[121] EVANS D W,COLAIZZI G J,WOOD R M N. Program development for backfilling mines to prevent mine subsidence[C]//Proceedings of the 19th Annual Engineering Geology and Soils Engineering Symposium, 1982:355-464.

[122] HOLLINDERBAEUMER E W, KRAEMER U. Waste disposal and backfilling technology in the German hard coal mining industry[J]. Bulk Solids Handling,1994,14(4):795-798.

[123] KANNIGANTI R,HAYCOCKS C,KARMIS M. Optimizing pillar design in a multi-seam environment[C]//Proceedings Of 14th Conference of Ground Control in Mining,1995.

[124] KNISSEL W. Underground mineral mining: mining method and associated backfill and rock mechanics[C]//Proceedings of 12th Congress of World Mining Congress, 1984.

[125] KRATZSCH H. Mining subsidence engineering[M]. FLEMING R F S. 译. Berlin:Springer Verlag,1983.

[126] LIANG YINHUAI,KANG FENGYI,ZHOU BINGWEN. Reformation of the hydraulic stowing mining method[C]//Proceedings of the 11th International Conference on Ground Control in Mining, 1992:358-370.

[127] MATETIC R J,CHEKEN G J,GALEK J A. Design considerations for multiple-seam mining with case studies of subsidence and pillar load transfer[C]//Proceedings of the 28th US Symposium on Rock Mechanics,1987.

[128] MEZ W, SCHAUENBURG W. Backfilling of caved-in goafs with pastes for disposal of residues[C]//Proceedings of the 6th International Symposium on Mining with Backfill,1998:245-248.

[129] MUNJERI D. Prevention of subsidence using stowing methods[J]. International Journal of Rock Mechanics and Mining Sciences and Geomechanics Abstracts,1988,25(2):86.

[130] PAKALNIS R C ,LUNDER P J ,VONGPAISAL S. Pillar strength estimation at Westmin Resources' H-W mine—a case study[J]. International Journal of Rock Mechanics and Mining Sciences and Ge-

omechanics Abstracts,1994,31(4) :218.

[131] PALASKI J. Experimental and practical results of applying backfill [C]//Proceedings of the 4th International Symposium on Mining with Backfill,1989.

[132] ROBERT H ,ANDREW T ,LAXMINARAYAN H. Review of stowing and packing practices in coal mining[C]// Bulletin and Proceedings —Australasian Institute of Mining and Metallurgy,1987: 79-86.

[133] ROBERTS J M, MASULLO A L. Pneumatics for mining applications[C]//Proceedings of Symposium on Surface Mining, 1985: 83-91.

[134] SALAMON M D G. Elastic analysis of displacements and stresses induced by the mining of seam or reef deposits[J]. Journal of the Southern African Institute of Mining and Metallurgy ,1963,64(4): 128-149.

[135] SALAMON M D G,MUNRO A H. A study of the strength of coal pillar[J]. Journal of the South African Institute of Mining and Metallurgy,1967,68(2):55.

[136] SCHROER D. Use of packing materials from waste products[J]. Glueckauf and Translation,1987,123:621-625.

[137] WANG YUEHAN, WANG CAIGEN,MA WENDING et al. Feasibility study on cemented backfill in longwall coal mine for surface subsidence control[C]//Proceedings of the 6th International Symposium on Mining with Backfill,1998.